全国建设职业教育系列教材

建筑结构施工识图与放样

全国建设职业教育教材编委会

张明正　主编

中国建筑工业出版社

图书在版编目（CIP）数据

建筑结构施工识图与放样/全国建设职业教育教材编委会编写．-北京：中国建筑工业出版社，1998
全国建设职业教育系列教材
ISBN 7-112-02307-6

Ⅰ.建… Ⅱ.全… Ⅲ.①建筑结构-结构设计-图表-技术培训-教材 ②建筑工程-工程施工-图表-技术培训-教材
Ⅳ.TU318

中国版本图书馆CIP数据核字（98）第03585号

全国建设职业教育系列教材
建筑结构施工识图与放样
全国建设职业教育教材编委会
张明正　主编

*

中国建筑工业出版社出版（北京西郊百万庄）
新华书店总店科技发行所发行
北京建筑工业印刷厂印刷

*

开本：787×1092毫米　1/16　印张：14　字数：338千字
1998年6月第一版　　2001年6月第二次印刷
印数：3,001—4,500册　　定价：**19.00**元
ISBN 7-112-02307-6
G·203　（7335）

版权所有　翻印必究
如有印装质量问题，可寄本社退换
（邮政编码　100037）

本书围绕建筑结构施工知识的需要，在简要地介绍建筑制图基本知识的基础上，重点介绍建筑施工图和建筑结构图的阅读方法。通过学习，使读者能看懂一般建筑施工图和建筑结构图，并结合现场需要能绘制简单的建筑结构施工图。同时，根据结构施工的需要，介绍了以砌筑工程和钢筋混凝土工程为主的施工放样知识，对建筑构造基本知识也作了简要介绍。

本书有较强的针对性和实用性、注重理论知识的实际应用，努力运用制图的基本知识解决施工现场的相关技术问题，达到会看图、能放样的目的。

本书为建筑技工学校《建筑结构施工》专业的系列教材之一，除供教学之用外，还可供各种岗位培训用，也可以作为建筑施工现场技术、管理人员参考用书。

"建筑结构施工"专业教材（共四册）
总主编　叶　刚
《建筑结构施工识图与放样》
主编　张明正
参编　吴舒琛　钱浙飞　薛爱文　叶　刚　徐　剑

序

改革开放以来，随着我国经济持续、健康、快速的发展，建筑业在国民经济中支柱产业的地位日益突出。但是，由于建筑队伍急剧扩大，建筑施工一线操作层实用人才素质不高，并由此而造成建筑业部分产品质量低劣，安全事故时有发生的问题已引起社会的广泛关注。为改变这一状况，改革和发展建设职业教育，提高人才培养的质量和效益，已成为振兴建筑业的刻不容缓的任务。

德国"双元制"职业教育体系，对二次大战后德国经济的恢复和目前经济的发展发挥着举足轻重的作用，成为德国经济振兴的"秘密武器"，引起举世瞩目。我国于1982年首先在建筑领域引进"双元制"经验。1990年以来，在国家教委和有关单位的积极倡导和支持下，建设部人事教育劳动司与德国汉斯·赛德尔基金会合作，在部分职业学校进行借鉴德国"双元制"职业教育经验的试点工作，取得显著成果，积累了可贵的经验，并受到企业界的欢迎。随着试点工作的深入开展，为了做好试点的推广工作和推进建设职业教育的改革，在德国专家的指导和帮助下，根据"中华人民共和国建设部技工学校建筑安装类专业目录"和有关教学文件要求，我们组织部分试点学校着手编写建筑结构施工、建筑装饰、管道安装、电气安装等专业的系列教材。

本套"建筑结构施工"专业教材在教学内容上，符合建设部1996年颁发的《建设行业职业技能标准》和《建设职业技能岗位鉴定规范》要求，是建筑类技工学校和职业高中教学用书，也适用于各类岗位培训及供一线施工管理和技术人员参考。读者可根据需要购买全套或单册学习使用。

为使该套教材日臻完善，望各地在教学和使用过程中，提出修改意见，以便进一步完善。

全国建设职业教育教材编委会
1998年1月

前 言

"建筑结构施工"专业教材是根据《建设系统技工学校建安类专业目录》和双元制教学试点"建筑结构施工"专业教学大纲编写而成。该套教材突破传统教材按学科体系设置课程，以及各门课程自成系统的编排方式，依据建设部《建设行业职业技能标准》对培养中级技术工人的要求，遵循教育规律，按照专业理论、专业计算、专业制图和专业实践四大部分分别形成《建筑结构施工基本理论知识》、《建筑结构施工基本计算》、《建筑结构施工识图与放样》和《建筑结构施工实际操作》四门课程，突出能力本位、技能培养的原则，力求形成新的课程体系。

本套教材教学内容具有实用性和针对性，紧贴一线施工现场，将施工现场最基本、最实用的知识和技能经筛选、优化，按照初、中、高三个层次由浅入深进行编写。本套教材纵向以建筑结构施工程序为主轴线，横向四本书大体形成理论与实践相结合的一个整体，但每本书又根据门类分工形成自己的独立体系。

本套教材力求深入浅出，通俗易懂。在编排上采用双栏排版，图文结合，新颖直观，增强了阅读效果。为了便于读者掌握学习重点，以及教学培训单位组织练习和考核，每章节后附有提纲挈领的小结和精心编制的复习思考题及练习题供参考、选用。

《建筑结构施工识图与放样》一书主要围绕建筑结构施工的需要，介绍建筑结构施工识图与放样知识。内容包括概论、几何作图、投影的基本知识、建筑施工图的阅读、结构施工图的阅读、建筑模板图的绘制、复杂砖砌体放样、建筑构造基本知识和建筑设计过程简介等内容。本书注意知识的实际应用，重点是让读者掌握读图的要领，能看懂常见的建筑图和结构施工图，并学会砌筑工程和钢筋混凝土工程中的一般施工放样技能。

《建筑结构施工识图与放样》由南京建筑职业技术教育中心张明正主编（负责全书的修改、增删和定版设计），参加本书编写的有南京建筑职业技术教育中心吴舒琛（编写第5、7、8章）；浙江省建筑工程技工学校钱浙飞（编写第1章）、薛爱文（编写第2、3、4章）；北京城建技工学校叶刚、徐剑等同志（编写第6章），宗晓军同志帮助完成了部分插图工作。

本套教材由北京城建技工学校叶刚任总主编，由中国建筑一局（集团）有限公司总工程师马焕章、北京建工集团总公司副总工程师王庆生和高级工程师张翠娣主审，参与本书审稿工作的还有徐剑同志。

本套教材在编写中，建设部人事教育劳动司有关领导给予了积极有力的支持，并作了大量组织协调工作。德国赛德尔基金会及其派出的职教专家威茨勒（Wetzler）先生和法赛尔（Fasser）先生在多方面给予了大力的支持和指导。南京市建筑职业技术教育中心作为学习"双元制"最早的单位，提供了许多有益的经验和有价值的资料。各参编学校领导对本套教材的编写给予了极大的关注和支持。在此，一并表示衷心的感谢。

由于双元制的试点工作尚在逐步推广过程中，本套教材又是一次全新的尝试，加之编者水平有限，编写时间仓促，书中定有不少缺点和错误，望各位专家和读者批评指正。

目 录

第1章 概论 …………………… 1
  1.1 建筑制图的性质与任务 …… 1
  1.2 建筑制图与其他课程的关系
      及学习方法 ………………… 1
  1.3 识图与制图的预备知识 …… 2
    1.3.1 制图工具和用品 ………… 2
    1.3.2 建筑制图国家标准及规定
         画法 ……………………… 4
    1.3.3 常用建筑名词 …………… 12

第2章 几何作图 ………………… 15
  2.1 直线、角度 ………………… 15
  2.2 圆内接正多边形 …………… 17
  2.3 圆弧连接 …………………… 18
  2.4 非圆曲线 …………………… 20
  2.5 徒手作图 …………………… 21

第3章 投影作图 ………………… 26
  3.1 投影的基本知识 …………… 26
  3.2 三面正投影图 ……………… 30
  3.3 体的三面正投影图 ………… 42
  3.4 轴测投影 …………………… 58
  3.5 剖面图与断面图 …………… 65
  3.6 墙体放样图 ………………… 77

第4章 建筑施工图的阅读 ……… 80
  4.1 建筑工程图的基本知识 …… 80
  4.2 建筑总平面图的阅读 ……… 84
  4.3 建筑平面图的阅读 ………… 85
  4.4 建筑立面图的阅读 ………… 89

  4.5 建筑剖面图的阅读 ………… 90
  4.6 建筑施工详图的阅读 ……… 91

第5章 结构施工图的阅读 ……… 97
  5.1 基础结构施工图的阅读 …… 97
  5.2 预制钢筋混凝土构件楼层结
      构图的阅读 ………………… 101
  5.3 现浇钢筋混凝土楼层结构图
      的阅读 ……………………… 105

第6章 建筑模板图 ……………… 110
  6.1 建筑模板的种类与规格简介 … 110
  6.2 模板图的绘制 ……………… 117

第7章 复杂砖砌体放样 ………… 133
  7.1 多角形、弧形砌体大样 …… 133
  7.2 门窗异形洞口组砌大样 …… 141
  7.3 花饰墙组砌立面图 ………… 145

第8章 建筑构造基本知识与简单
建筑设计 ……………………………… 150
  8.1 地基与基础构造 …………… 151
  8.2 墙体构造 …………………… 155
  8.3 楼板和楼地面构造 ………… 163
  8.4 楼梯构造 …………………… 170
  8.5 门窗构造 …………………… 175
  8.6 屋顶构造 …………………… 181
  8.7 建筑设计过程简介 ………… 187

附图 某街道办公楼施工图 ……… 194

主要参考文献 …………………… 214

第1章 概 论

1.1 建筑制图的性质与任务

把物体的形状和尺寸在平面上用投影的方式绘制出来,就是制图。将建筑物的立面形式、平面布置、细部构造、建筑材料、内外装饰、结构布置等以投影图的方式表现出来并绘制在图纸上,即称之为建筑制图。

建筑图的表示方法有许多种:用正投影方式绘制的图样称为正投影图,如建筑图中的平面图、立面图、剖面图等;用平行投影方式绘制的图样有轴测图,如反映局部构造的节点大样图、给排水系统图等。用中心投影方式绘制的图样,有透视图,如效果图等。

建筑制图的任务是:学会用图纸这一特殊的工程技术语言来表达设计者的构思,传递和交换设计人员的意见。

本课程的主要任务是:

(1) 能正确使用制图工具及用品,掌握基本的制图方法。

(2) 掌握正投影法的基本原理和作图方法,培养一定的空间想象能力和构思能力。

(3) 熟悉国家制图标准,掌握绘制工程图样的基本知识和技能。

(4) 必须有熟练的识图技能,了解各专业图纸的形成和作法。

(5) 会用草图表达自己的构思,逐渐培养分析问题和解决问题的能力。

1.2 建筑制图与其他课程的关系及学习方法

建筑制图是一门既重理论又重实践的专业基础课,在熟练掌握本课程的同时,还应深入了解建筑制图与其它各专业课之间的联系。

建筑工程图是设计人员表达建筑、结构、设备等方面有关内容的工程图样,是工程施工的重要技术依据。建筑施工人员必须具有较好的识图技能,能根据工程图纸编制施工方案,准备材料,组织施工,从而生产出合格的建筑产品。

设计人员在设计一座建筑物时,必须通过调查研究,根据建设单位的使用要求、造价、规模等进行施工现场勘察、建筑造型设计、结构布置方案设计。经过初步设计、技术设计,最后绘制出施工图。一套完整的建筑图纸包括建筑施工图、结构施工图、设备施工图及电气施工图。因此,设计制图人员必须掌握建筑结构、施工技术、设备安装等相关专业的基础理论知识和基本计算技能,才能使所设计的建筑物既经济合理,又能满足规定的使用要求。

建筑制图是学习其它各门专业课的基础,学好这门课程十分重要。因此在学习中必须注意以下几点:

(1) 学习目的明确,知难而进,具有刻苦钻研的学习态度。

(2) 理论紧密联系实际,反复进行制图和读图的训练。

(3) 逐步加强自学能力,做到课前预习,课后复习,独立认真完成作业。

(4) 培养认真负责的工作态度和一丝不苟的工作作风。

1.3 识图与制图的预备知识

1.3.1 制图工具和用品

(1) 制图工具

1) 图板

图板是固定图纸用的工具，要求板面平整，左工作边保持平直。图板的规格有：0号（900mm×1200mm）、1号（600mm×900mm）、2号（420mm×600mm）、3号（300mm×420mm）等几种，可根据需要任意选用。

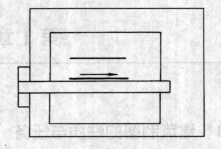

图 1-1 图板与丁字尺

2) 丁字尺

丁字尺主要用于画水平线，其工作边要求平直、光滑。主要规格有：640、900、1200mm等几种，可根据图板大小选用。丁字尺配合图板的正确用法如图1-1所示。

丁字尺应紧靠图板的左侧边工作，不得使用图板的其它侧边。

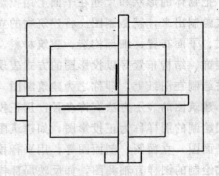

图 1-2 丁字尺的错误用法

3) 三角板

有 45°×45°×90°和 30°×60°×90°两种三角板，这两种三角板相互配合可画出任意方向的平行线，也可与丁字尺配合画铅垂线或 15°、30°、45°、60°、75°的斜线（如图1-3所示）。

三角板的主要规格有：200、250、300、350mm等几种，可根据图样的大小任意选用。

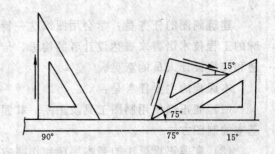

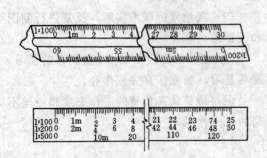

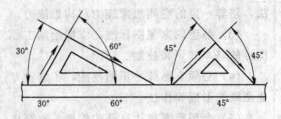

图 1-3 三角板

4) 比例尺

有三棱尺和比例直尺两类。三棱尺上刻有六种刻度：1:100、1:200、1:300、1:400、1:500、1:600；比例直尺上一般有三种比例：1:100、1:200、1:500。

图 1-4 三棱尺 比例尺

5）圆规

圆规是用来画圆或圆弧的工具。常附有三种插脚：铅笔插脚、鸭嘴笔插脚和钢针插脚。画较大半径的圆时，还可以接上延伸杆。画圆的方法如图1-5所示。

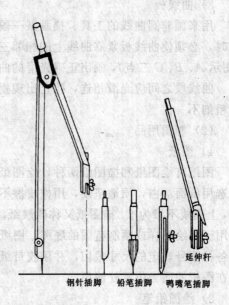

图1-6 圆规及其附件

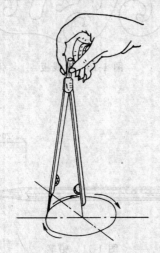

图1-5 圆规画圆

6）分规

分规是截取或等分线段用的工具，其两腿端部都为固定钢针，使用时两根针尖应密合。

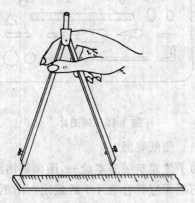

图1-7 分规量截尺寸

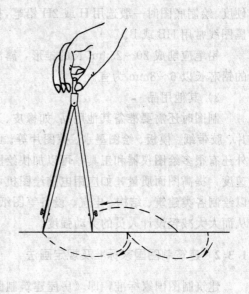

图1-8 分规等分线段

7）绘图墨水笔

绘图墨水笔也叫针管笔，可用来描画各种不同粗细的图线，并能象普通钢笔一样吸存墨水，笔尖有0.1～1.0mm等多种规格，可根据图线的粗细选用。

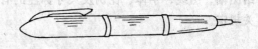

图1-9 墨水笔

3

8）曲线板

用来画非圆曲线的工具。描画某一段曲线时，必须使曲线板紧靠曲线上的相邻三点（图示 A、B、C 三点），画出正确光滑的曲线段。曲线段之间应光滑相连，防止出现拐点或粗细不一。

(2) 制图用品

1）图纸

图纸有绘图纸和描图纸两种，绘图纸一般选用纸面洁白，质地坚硬，用橡皮擦不起毛，上墨线不渗为准。描图纸又称硫酸纸。主要用于描绘图样或晒制蓝图的底图。图纸可按各种图号规定的尺寸裁切，并用胶带纸固定在图板的适当位置处使用。

2）绘图铅笔

绘图铅笔的笔芯有软硬之分，"B"表示软笔芯，"H"表示硬笔芯，B 或 H 前的数字愈大，表示笔芯愈软或愈硬，"HB"属于中等硬度。绘制底图时一般选用 H 或 2H 铅笔，描黑图线常用 HB 或 B。

铅笔应削成 20～25mm 长的锥形，露出的铅芯长以 6～8mm 为宜。

3）其他用品

制图时还需要准备其他用品。如橡皮、刀片、胶带纸、模板、绘图墨水、擦图片等。此外还有很多绘图仪器和工具，可以加快绘图速度，提高图面质量，如应用电脑绘图机可以绘制各类建筑、结构、电气、设备等图纸，从而大大减轻设计人员的劳动强度。

1.3.2 建筑制图国家标准及规定画法

建筑制图国家标准，即《房屋建筑制图统一标准》GBJ 1—86，是由建设部会同有关设计、施工、科研等单位共同编制而成的。建筑制图必须严格遵守国家标准。下面主要介绍图幅、图线、字体、比例及尺寸标注的有关规定。

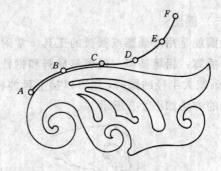

图 1-10 曲线板

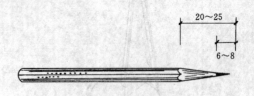

图 1-11 铅笔

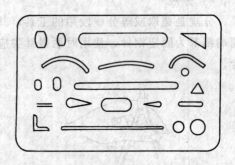

图 1-12 擦图片

(1) 图纸幅面

为了使建筑图基本统一，图面简洁清晰，图纸的幅面应符合表 1-1 的规定。图纸的短边不得加长，表中符号如图 1-13、1-14 所示。一个专业所用的图纸，不宜多于两种幅面，横式图幅以短边作为垂直边，竖式图幅以短边作为水平边，图纸一般多采用横式。

幅面及图框尺寸（mm） 表 1-1

尺寸代号	幅面代号				
	A_0	A_1	A_2	A_3	A_4
$b \times l$	841×1189	594×841	420×594	297×420	210×297
c	10			5	
a	25				

图纸长边加长后尺寸（mm） 表 1-2

幅面代号	长边尺寸	长边加长后尺寸
A_0	1189	1338 1487 1635 1784 1932 2081 2230 2378
A_1	841	1051 1261 1472 1682 1892 2102
A_2	594	743 892 1041 1189 1338 1487 1635 1734 1932 2081
A_3	420	631 841 1051 1261 1472 1682 1892

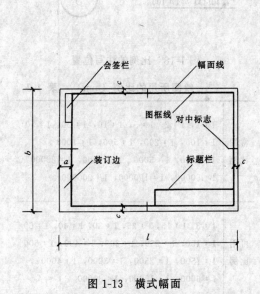

图 1-13 横式幅面 　　　　　　图 1-14 立式幅面

(2) 标题栏与会签栏

1) 图纸标题栏简称图标，设在图纸右下角。

图1-15 标题栏

2) 会签栏是用来填写各会签人员的专业、姓名、日期（年、月、日）的。不需会签的图纸，可以不设此栏。

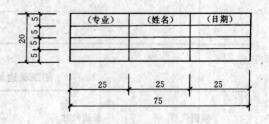

图1-16 会签栏

3) 图纸编排顺序。

工程图纸应按专业顺序编排，一般应为图纸目录、总图及说明、建筑图、结构图、给水排水图、采暖通风图、电气图、动力图等。以某专业为主体的工程，应突出该专业的图纸。

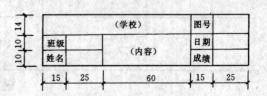

图1-17 学生作业标题栏

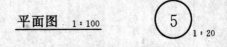

图1-18 比例的注写位置

(3) 比例

图样的比例，应为图形的大小与实际物体的大小之比，而比例的大小是指比值的大小，如1:50大于1:100。

比例宜注写在图名的右侧，字的底线应取平；比例的字高应比图名的字高小1号或2号。

绘图所用的比例，应根据图样的用途与被绘对象的复杂程度，从表1-3中选用，并优先选用表中的常用比例。

一般情况下，一个图样应选用一个比例。根据专业制图的需要，同一图样可选用两种比例。

绘图所用的比例（mm）　　表 1-3

常用比例	1:1, 1:2, 1:5, 1:10, 1:20, 1:50 1:100, 1:200, 1:500, 1:1000 1:2000, 1:5000, 1:10000, 1:20000 1:50000, 1:100000, 1:200000
可用比例	1:3, 1:15, 1:25, 1:30, 1:40, 1:60 1:150, 1:250, 1:300, 1:400, 1:600 1:1500, 1:2500, 1:3000, 1:4000 1:6000, 1:15000, 1:30000

(4) 图线

建筑工程图应选用表1-4所示的线型,表中粗线宽度 b (一般为 $0.4\sim1.2mm$) 应根据图形的大小和复杂程度决定。若图形大而简单,可选粗些,图形小而复杂可选细些,但同一图样上的图线粗细程度应尽量保持一致。

线 型　　　　　　　　　　表 1-4

名 称		线 型	线宽	一 般 用 途
实线	粗	——————	b	主要可见轮廓线
	中	——————	$0.5b$	可见轮廓线
	细	——————	$0.35b$	可见轮廓线、图例线等
虚线	粗	— — — —	b	见有关专业制图标准
	中	— — — —	$0.5b$	不可见轮廓线
	细	------	$0.35b$	不可见轮廓线、图例线等
点划线	粗	—·—·—	b	见有关专业制图标准
	中	—·—·—	$0.5b$	见有关专业制图标准
	细	—·—·—	$0.35b$	中心线、对称线等
双点划线	粗	—··—··—	b	见有关专业制图标准
	中	—··—··—	$0.5b$	见有关专业制图标准
	细	—··—··—	$0.35b$	假想轮廓线,成型前原始轮廓线
折断线		——/\——	$0.35b$	断开界线
波浪线		∼∼∼∼	$0.35b$	断开界线

(5) 字体

建筑工程图纸上所需书写的文字、数字或符号等,必须用黑墨水书写,笔画清晰,字体端正,排列整齐,并应注意标点符号清楚正确。汉字的简化书写必须采用国家正式公布实施的简化汉字。

汉字字体一般采用长仿宋体,其高宽比为3:2,汉字的字高不应小于 3.5mm,数字及字母高度不小于 2.5mm。汉字、阿拉伯数字、拉丁字母等字体的号数,都指字体的高度,单位为 mm(毫米)。如10号字,字高为10mm,如图 1-19 为汉字、数字及字母的字例。

排列整齐字体端正笔划

清晰注意起落

字体笔划基本上是横平竖直结构匀称

写字前先画好格子

阿拉伯数字拉丁字母罗马数字和汉字并列书写

时它们的字高比汉字高小

大学系专业班级绘制描图审核校对序号名称材料件数备注比例重
共第张工程种类设计负责人平立剖侧切截断面轴测示意主俯仰前
后左右视向东西南北中心内外高低顶底长宽厚尺寸分厘毫米矩方

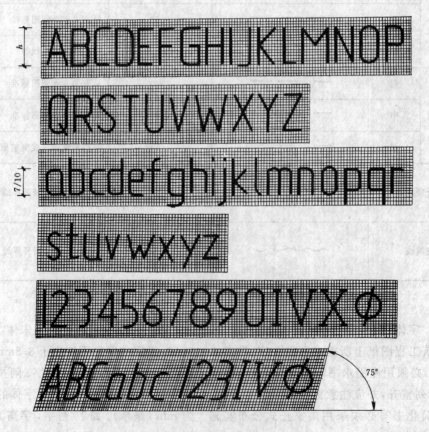

图 1-19　汉字、数字及字母字例

(6) 尺寸标注

在建筑工程图中,尺寸数字是图样的重要组成部分,注写尺寸必须清楚、完整、正确,否则会直接影响施工。

1) 尺寸界线、尺寸线、尺寸起止符号

图样上的尺寸应包括尺寸界线、尺寸线、尺寸起止符号和尺寸数字。尺寸界线、尺寸线应用细实线绘制。尺寸起止符号一般用中粗斜短线绘制。其倾斜方向应与尺寸界线成顺时针45°角,长度宜为2~3mm。

必要时,图样轮廓线可用作尺寸界线,但任何图线均不得用作尺寸线。

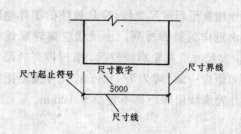

图 1-20 尺寸的组成与注法

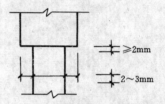

图 1-21 图样轮廓线作尺寸界线

2) 尺寸数字

建筑工程图中的尺寸,应以尺寸数字为准,不得从图上直接量取。尺寸数字除标高及总平面图以 m(米)为单位外,其余都以 mm(毫米)为单位。

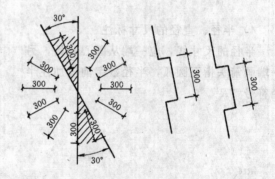

尺寸数字应按规定注写,若尺寸数字在30°斜线区内,宜按图1-22的形式注写。

当尺寸界线较密时,最外边的尺寸数字可注写在尺寸界线的外侧,中间相邻的尺寸数字可错开注写。也可引出注写。

图 1-22 尺寸线倾斜时的注法

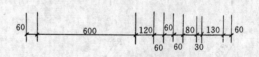

图 1-23 尺寸数字的注写位置

3) 尺寸的排列与布置

尺寸宜标注在图样轮廓线以外,不宜与图线、文字及符号等相交。图线不宜穿过尺寸数字。不可避免时,应将尺寸数字处的图线断开。

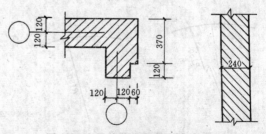

图 1-24 尺寸数字不能与图线相交

相互平行的尺寸线，应从被注的图样轮廓线由近向远整齐排列，小尺寸应离轮廓线较近，大尺寸应离轮廓线较远，平行排列的尺寸线间距应一致，均为 7～10mm，尺寸线距图样最外轮廓线间的距离不宜小于 10mm。

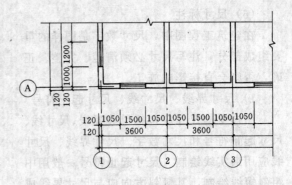

图 1-25　尺寸标注示例

4）半径、直径的尺寸标注

半径的尺寸线，应一端从圆心开始，另一端画箭头指至圆弧，半径数字前应加注半径符号"R"。

直径的标注，应在直径数字前加符号"φ"，在圆内标注的直径尺寸线应通过圆心，两端画箭头指至圆弧，较小圆的直径尺寸，可标注在圆外。

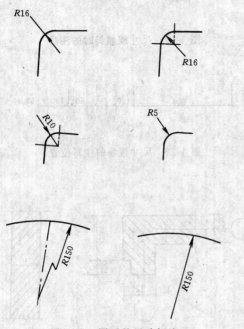

图 1-26　圆弧的尺寸标注

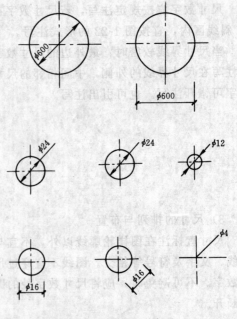

图 1-27　圆的尺寸标注

5）坡度、角度的尺寸标注

坡度是指斜坡起止点间的高度差和水平距离的比值。标注坡度时，在坡度数字下，应加注坡度符号，坡度符号的箭头一般应指向下坡方向。坡度也可用直角三角形形式标注（图1-28）。

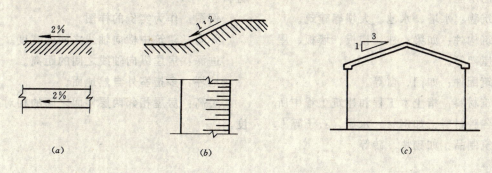

图1-28 坡度的尺寸标注

角度的尺寸线，应以圆弧表示。该弧的圆心应是该角的顶点，角的两个边为尺寸界线。角度的起止符号应以箭头表示。如没有足够位置画箭头，可用圆点代替。角度数字应水平方向注写（图1-29）。

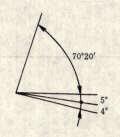

图1-29 角度的注法

6）尺寸的简化标注

杆件或管线的长度，在单线图（框架简图、钢筋简图、管线图等）上，可直接将尺寸数字沿杆件或管线的一侧注写。

连续排列的等长尺寸，可用"个数×等长尺寸＝总长"的形式标注。

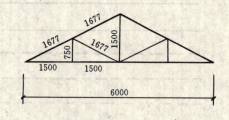

图1-30 杆件的尺寸标注

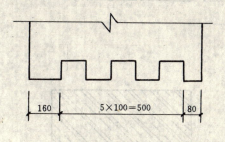

图1-32 尺寸的简化标注

图1-31 钢筋的尺寸标注

1.3.3 常用建筑名词

建筑物：用于工业生产，民用居住和公共社交的房屋。

构筑物：水塔、水池、大坝等建筑。

建筑构件：如梁、柱、楼板、墙板、屋面板、屋架等。

建筑配件：如门、窗等。

建筑材料：指土木工程和建筑工程中所使用的各种材料。如钢材、水泥、石子等。

建筑制品：如砌块、砖等。

图形：图样的形状。

图面：绘有图样的图纸表面情况。

图例：以规定的图形来表示所用的建筑材料。

例图：作为实例的样图。

开间：建筑中横向轴线之间的宽度。

进深：房屋纵向轴线之间的距离。

地坪：多指室外自然地面。

层高：房屋相邻两层楼面之间的相对高度。

我们应注意：
正确使用制图工具和用品
熟悉制图标准和规定画法

练习题 1

1. 线型练习示例：

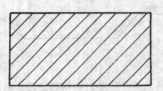 

2. 仿宋字练习字例：

3. 比例及尺寸标注

1) 按下图所示尺寸,用1∶50的比例,画出图样并标注尺寸

2) 按比例标注下面两个构件的尺寸

第 2 章 几 何 作 图

建筑物和构筑物的形状各不相同，但分析起来不外乎是由直线、曲线所组成的几何图形。几何作图就是按照已知条件应用各种绘图工具、仪器，并且运用几何学的原理和作图方法作出所需的图形。掌握几何作图的方法可以提高制图的速度和准确性。

2.1 直线、角度

2.1.1 过已知点作一直线平行于已知直线

已知：点 C 和直线 AB。

画法（如图 2-1 所示）：

(1) 使三角板 a 的一边靠准 AB，另一三角板 b 靠贴三角板 a 的另一边。

(2) 按住三角板 b 不动，推动三角板 a 移至 C，画一直线即为所求。

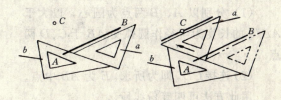

图 2-1

2.1.2 过已知点作直线垂直于已知直线

已知：直线 AB 和 AB 外一点 C。

画法一（如图 2-2 所示）：

(1) 使 45°三角板 a 的一直角边靠准 AB，其斜边靠贴在另一三角板 b 上。

(2) 推动 45°三角板 a，使其另一直角边靠贴 C 点并画直线即为所求。

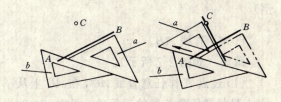

图 2-2

画法二（如图 2-3 所示）：

(1) 以 C 点为圆心，取大于 C 点到 AB 的距离为半径作圆弧交 AB 于 D、E 两点。

(2) 分别以 D、E 为圆心，以大于 $DE/2$ 的长度为半径画弧交于 F 点，连接 FC 即为所求。

已知：直线 AB 和直线上点 C。

画法（如图 2-4 所示）：

(1) 以 C 为圆心，任意长度为半径画圆弧交 AB 于 D、E 两点。

(2) 分别以 D、E 两点为圆心，以大于 $DE/2$ 的长度为半径作圆弧交于 F 点，连接 CF 即为所求。

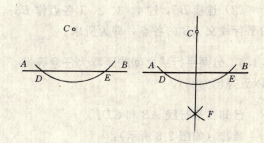

图 2-3

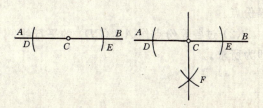

图 2-4

2.1.3 以定距离作直线平行于已知直线

已知：直线 AB，距离 d。

画法（如图 2-5 所示）：

(1) 在 AB 上任取 E、F 两点，分别以 E、F 为圆心，以 d 为半径画两段圆弧。

(2) 用直尺作两圆弧的公切线（CD∥AB）即为所求。

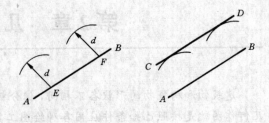

图 2-5

2.1.4 作直线的垂直平分线

已知：直线 AB。

画法（如图 2-6 所示）：

(1) 分别以 A、B 两点为圆心，以大于 $AB/2$ 的长度为半径作圆弧交 AB 于 C、D 两点。

(2) 连接 CD，即为所求。E 为 AB 中点。用此方法可四等份线段。

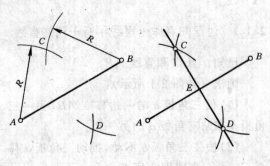

图 2-6

2.1.5 分直线为任意等份（以直线五等份为例）

已知：直线 AB。

画法（如图 2-7 所示）：

(1) 过点 A 作任意直线 AC，在 AC 上从点 A 起截取任意长度的五等份，得 1、2、3、4、5 各点。

(2) 连接 B5，过 4、3、2、1 各点作 B5 的平行线交 AB 的各点，即为所求。

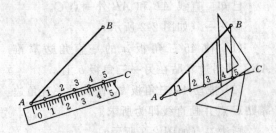

图 2-7

2.1.6 分两平行线之间的距离为任意等份（以五等份为例）。

已知：平行线 AB 和 CD。

画法（如图 2-8 所示）：

(1) 将直尺刻度 0 定于 CD 上，摆动尺身，使刻度 5 落在 AB 上，得 1、2、3、4 各等份点。

(2) 过各等份点作 AB（CD）的平行线，即为所求。

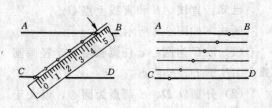

图 2-8

2.1.7 作角等于已知角

已知：∠AOB。

画法（如图2-9所示）：

(1) 以O点为圆心，任意长为半径作圆弧交OA、OB于C、D两点。

(2) 作线段O'A'，以O'点为圆心，OD为半径作圆弧交O'A'于C'点；以C'点为圆心，CD为半径作圆弧交C'D'于D'点，连接O'D'，∠A'O'B'即为所求。

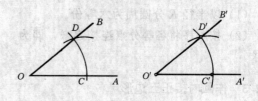

图 2-9

2.1.8 角的二等分

已知：∠AOB。

画法（如图2-10所示）：

(1) 以O点为圆心，任意长为半径作圆弧交OA、OB于C、D两点。

(2) 另以C、D两点为圆心，以大于CD/2的长度为半径作圆弧交于E点，连接OE即为所求。

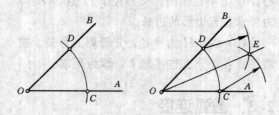

图 2-10

2.1.9 直角三等分

已知：直角AOB。

画法（如图2-11所示）：

(1) 以O点为圆心，任意长R为半径作圆弧交OA、OB于C、D两点。

(2) 分别以C、D两点为圆心，以R为半径作圆弧，交弧CD于E、F两点。连接OE、OF，即为所求。

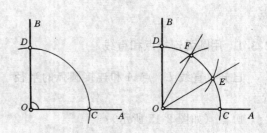

图 2-11

2.2 圆内接正多边形

2.2.1 作圆内接正三角形

已知：圆O。

画法（如图2-12所示）：

(1) 过圆心O点作直径CD，以D点为圆心，OD为半径作圆弧交圆O于A、B两点。

(2) 两连接A、B、C三点，即为所求。

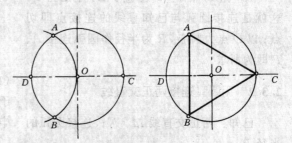

图 2-12

17

2.2.2 作圆内接正六边形

已知：圆 O。

画法（如图 2-13 所示）：

(1) 以半径 R 分圆周为六等份。

(2) 按顺序将各等分点连接起来，即为所求。

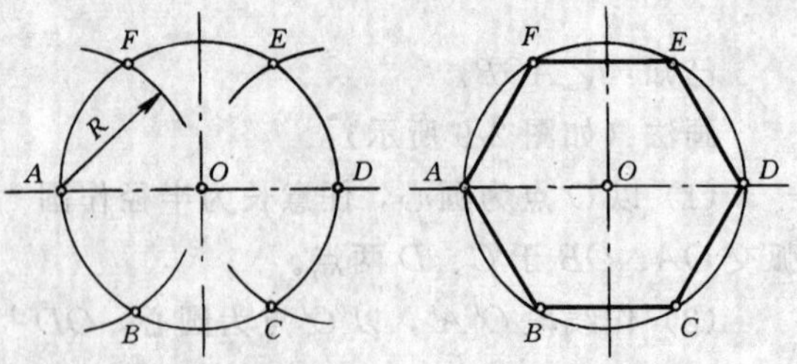

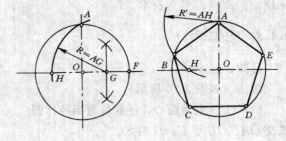

图 2-13

2.2.3 作圆内接正五边形

已知：圆 O。

画法（如图 2-14 所示）：

(1) 作半径 OF 的中点 G，以 G 点为圆心，AG 为半径作圆弧交直径于 H 点，AH 即为所求正五边形的边长。

(2) 以 AH 为半径，分圆周五等份。按顺序将各等分点连接起来，即为所求。

2.3 圆弧连接

不少物体的轮廓线是由直线、圆弧光滑地连接起来的，因此图中常用已知半径的圆弧去连接直线或圆弧，它们的连接点为切点。

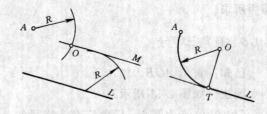

图 2-14

2.3.1 用圆弧连接点和直线

已知：直线 L、点 A 和连接圆弧的半径 R。

画法（如图 2-15 所示）：

(1) 作直线 M 平行于 L 并且距离为 R；以 A 点为圆心，R 为半径作圆弧交 M 于 O 点。

(2) 过 O 点作 OT 垂直于 L，垂足为 T，这就是连接圆弧与已知直线的连接点即切点；以 O 点为圆心，R 为半径作圆弧连接 A、T 即为所求。

图 2-15

2.3.2 用圆弧连接两正交直线

已知：两正交直线 M、N；连接圆弧的半径 R。

画法（如图 2-16 所示）：

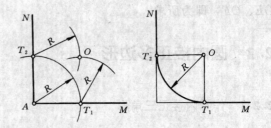

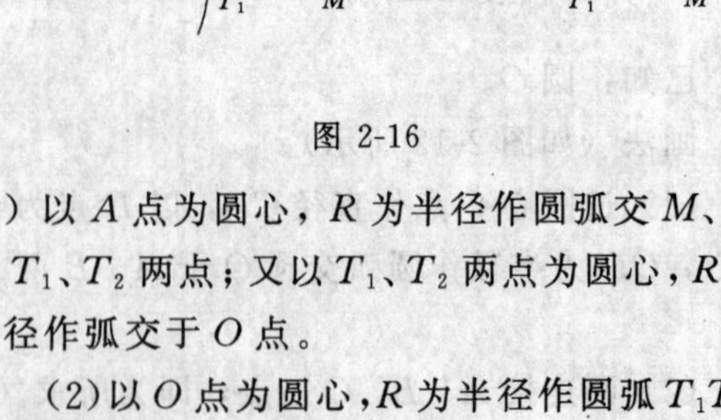

图 2-16

(1) 以 A 点为圆心，R 为半径作圆弧交 M、N 于 T_1、T_2 两点；又以 T_1、T_2 两点为圆心，R 为半径作弧交于 O 点。

(2) 以 O 点为圆心，R 为半径作圆弧 T_1T_2，即为所求。

2.3.3 用圆弧连接两斜交直线

已知：两斜交直线 M、N，连接圆弧的半径 R。

画法（如图 2-17 所示）：

(1) 作与 M、N 相距为 R 的两条平行线交于 O 点。

(2) 过 O 点分别作 M、N 的垂线，垂足为 T_1、T_2；以 O 点为圆心，R 为半径，作圆弧 T_1、T_2 即为所求。

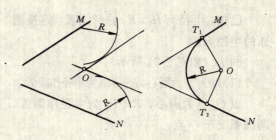

图 2-17

2.3.4 过圆外一点作圆的切线

已知：圆 O 和圆外一点 A。

画法（如图 2-18 所示）：

(1) 作 AO 的垂直平分线得等分点 B；以 B 点为圆心，AB 为半径作圆弧交已知圆于 C、D 两点。

(2) 连接 AC、AD 即为所求。

2.3.5 用圆弧连接直线和圆弧

已知：直线 L、半径为 R_1 的圆弧，连接圆弧的半径 R。

画法（如图 2-19 所示）：

(1) 作直线 M 平行于 L 且距离为 R；以 O_1 点为圆心，R_1+R 为半径作圆弧交 M 于 O 点。

(2) 连接 O_1O 交已知圆弧于 T_1，又作 OT_2 垂直于 L，垂足为 T_2；以 O 点为圆心，R 为半径作圆弧 T_1T_2 即为所求。

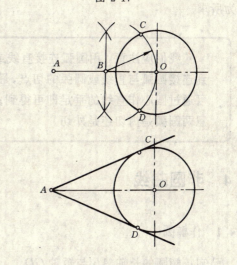

图 2-18

2.3.6 用圆弧内切连接两圆弧

已知：半径为 R_1、R_2 的两圆弧，连接圆弧的半径 R。

画法（如图 2-20 所示）：

(1) 以 O_1 点为圆心，$R-R_1$ 为半径作圆弧。以 O_2 点为圆心，$R-R_2$ 为半径作圆弧，两圆弧交于 O 点。

(2) 连接 OO_1、OO_2 并延长交已知圆弧于 T_1、T_2 两点，以 O 点为圆心，R 为半径作圆弧 T_1T_2 即为所求。

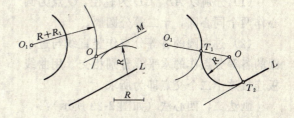

图 2-19

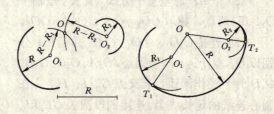

图 2-20

2.3.7 用圆弧外切连接两圆弧

已知：半径为 R_1、R_2 的两圆弧，连接圆弧的半径 R。

画法（如图 2-21 所示）：

(1) 以 O_1 点为圆心，$R+R_1$ 为半径作圆弧。

以 O_2 点为圆心，$R+R_2$ 为半径作圆弧，两圆弧交于 O 点。

(2) 连接 OO_1、OO_2 交已知圆弧于 T_1、T_2 两点；以 O 点为圆心，R 为半径作圆弧 T_1、T_2 即为所求。

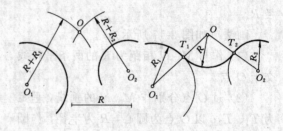

图 2-21

我们应注意，用圆弧连接直线或圆弧时，都应先找到连接圆弧的圆心，再找到连接圆弧与直线或圆弧的切点，最后再将连接圆弧绘出。求圆弧与直线的切点，可通过圆心作直线的垂足即可得到；圆弧与圆弧的切点在两圆心的连线上，并注意两圆弧是内切还是外切。

2.4 非圆曲线

2.4.1 作椭圆

已知：椭圆的长轴 AB 与短轴 CD。

画法一，同心圆法（如图 2-22 所示）：

(1) 分别以 AB、CD 为直径，O 点为圆心作两个同心圆，十二等分圆周。

(2) 过大圆的各等分点作竖直线与过小圆的各等分点作的水平线分别相交。用曲线板连接这十二个交点即为所求。

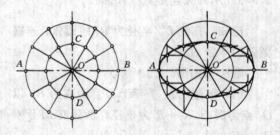

图 2-22

画法二，四心法（如图 2-23 所示）：

(1) 以 O 点为圆心，OA 为半径作圆弧交 OC 延长线于 E；又以 C 点为圆心，CE 为半径作 EF 交 AC 于 F 点。

(2) 作 AF 的垂直平分线，交长、短轴于 O_1、O_2 两点，截取 $OO_3=OO_1$，$OO_4=OO_2$。

(3) 连接 O_2O_3、O_4O_1、O_4O_3 并延长；分别以 O_1、O_2、O_3、O_4 为圆心，O_1A、O_2C、O_3B、O_4D 为半径作圆弧，其交点 G、I、H、J 在圆心连线的延长线上。连接四段圆弧 GI、IJ、JH、HG 即为所画的椭圆。

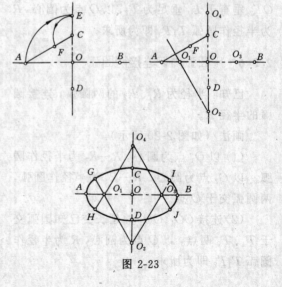

图 2-23

2.4.2 作抛物线

已知：抛物线的轴 OO_1，顶点 O 和抛物线上一点 A。

画法（如图 2-24 所示）：

(1) 以轴线 OO_1 为中心线，A 为角点，作矩形 $ABCD$，将 AD、BC、OD、OC 四等分。

(2) 过 1、2、3、4、5、6 各点作 OO_1 的平行线，连接 O 和 $1'$、$2'$、$3'$、$4'$、$5'$、$6'$ 各点，将对应的各线的交点用曲线板连接起来即为所求。

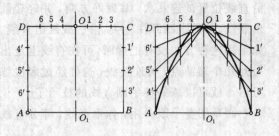

图 2-24

我们应注意，通常画圆弧时，只要找到圆心，半径便可画出；在画非圆曲线时，往往不能直接将其画出，一般可用两种方法：一种是先找曲线上的若干个点，然后用曲线板将它们光滑地连接起来，如同心圆法作椭圆和作抛物线，这时一定要正确使用曲线板并找到足够的点。另一种方法可将非圆曲线分解为若干小圆弧，分别找到它们的圆心和半径，依次画出，如四心法画椭圆，这时应注意其连接点是否吻合。

2.5 徒手作图

不使用仪器，而以目测、徒手作出的图叫做草图。草图可以迅速、明确地表达技术人员的意图，因此它成为技术人员交谈、记录、构思、创作的有力工具。草图的"草"只是指徒手作图而已，并不是潦草的意思。草图上的线条也应粗细分明，基本平直，方向正确，比例恰当，线型正确。因此技术人员必须掌握徒手作图的技巧，才能画好草图。

绘制草图的主要工具是铅笔。铅笔应选用较软的铅笔，例如 B 或 2B。铅笔可削成圆锥形，略长些，笔芯不要过尖，应圆滑些。画草图时持笔的手指应离笔尖远一些，以便灵活地画出不同方向的图线，并使图线光滑。绘草图时，图纸不必固定，可根据需要转动。画水平线时铅笔可放平些；画铅垂线时铅笔可竖直线；画右上倾斜的线，手法与画水平线

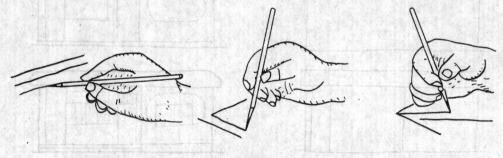

图 2-25

相似；而画左下倾斜的线，手法与画铅垂线相似，但铅笔要更竖高些，如图 2-25 所示。初学草图时，可先标出直线两端点，然后手持铅笔沿直线位置试连几次，掌握好方向，并轻轻画出底线。然后眼睛盯住笔尖，沿底线画出直线。如果用这种方法没有把握时，可在直线上定出另外几个辅助点，再连接线，这样经过多次练习后，就可以练好徒手画直线的技巧了。

画草图要手眼并用，作垂直线，等分直线或圆弧，截取相等线段等等，都要靠眼睛估计决定，如图 2-26 所示。

徒手画平面图形时，不要急于画细部，应先从整体考虑，即注意图形的长和高的比例，以及图形的整体和细部的比例。草图最好画在方格纸上，这样图形各部分之间的比例可借助方格数的比例来解决。图 2-27 为一个房屋草图的绘制过程。

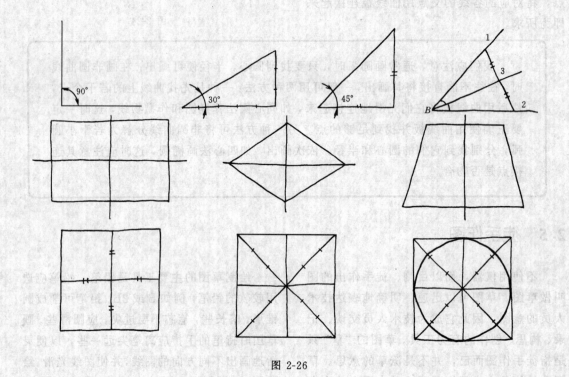

图 2-26

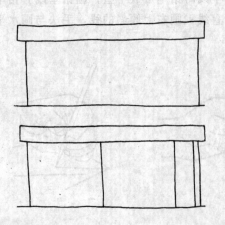
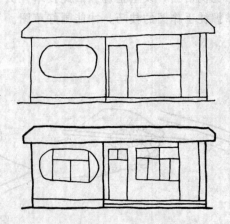

图 2-27

画物体的立体草图时，可将物体摆在一个可以同时看见它的长、宽、高的位置，然后观察其形状。

由几个几何体叠加而成的物体，如图2-28所示的物体可看作由两个长方体叠加而成。画草图时先徒手画出底下的一个长方体，使其高度方向铅直，长度和宽度方向与水平线成30°角，并目测其大小，定出长、宽、高的大小。然后在顶面上再画一个长方体，即为所求。

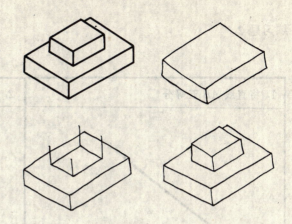

图 2-28

有的物体可看作由一个长方体削去一部分而成。如图2-29所示的物体。这时可先徒手画出一个长方体，然后在其顶面作出形体的顶面，并将对应的四个角连接起来即可。

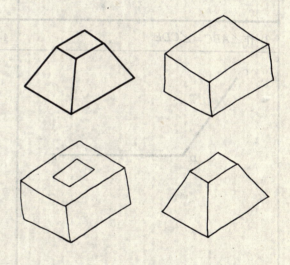

图 2-29

我们应注意，画立体草图时应先定出物体的长、宽、高的方向，高度方向始终铅直，长度和宽度方向与水平线成30°角；物体上互相平行的线段在立体图上也互相平行；画不平行于长、宽、高方向的斜线，只能先定出它们的两个端点，然后连接而成。

练习题 2

1. 将直线 AB 五等分

2. 三等分直角 AOB

3. 作 ∠ABC = ∠CDE

4. 作已知圆 O 的内接正五边形

5. 用已知半径为 R 的圆弧外接圆 O_1、O_2

6. 作已知长轴为 AB，短轴为 CD 的椭圆

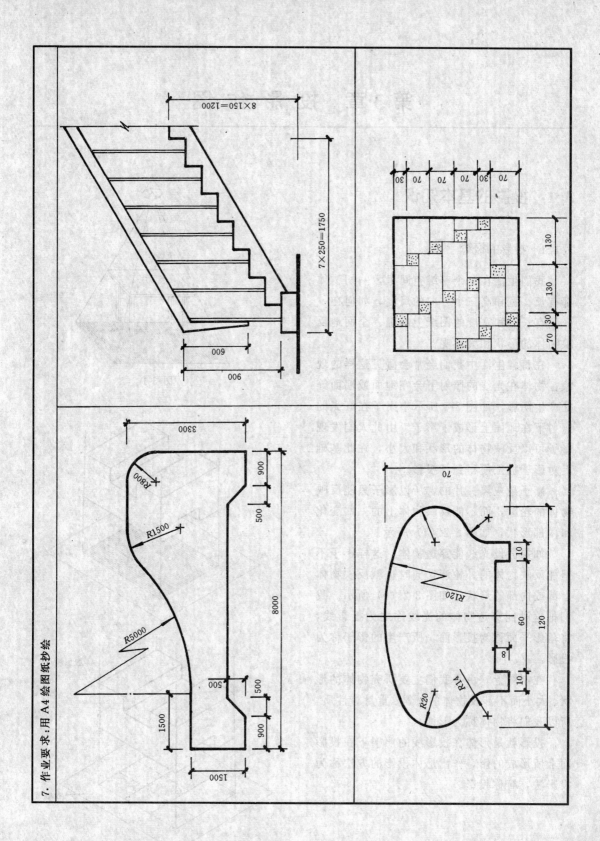

7. 作业要求：用 A4 绘图纸抄绘

第3章 投影作图

3.1 投影的基本知识

3.1.1 投影的概念

我们生活在一个三维空间里,一切物体都有长、宽和高三个方向的尺度,如何在一张只有长度和宽度的图纸上准确、全面地反映物体的形状和大小呢?

在日常生活中我们经常会碰见这样的现象:物体在光线的照射下会在地面或墙面等处产生阴影,如图3-1所示小桌子在灯光的照射下在地面上形成了影子。由此人们发现影子可以反映物体的形状和大小,在此基础上对影子加工便得到了投影。

影子是灰黑一片的,所以影子只能反映物体的轮廓,而不能反映物体上的一些变化和内部形状,如图3-2(a)所示。

如果假设光线能穿透物体,这样影子不但能反映物体的外轮廓,同时也就反映物体上部或内部的形状,如图3-2(b)所示。我们把这种能穿透物体的光线称之为投影线,将落影平面称为投影面,所产生的影子称为投影。

在制图上,由于我们主要研究物体的形状、大小而不涉及物体的材料、重量等性质,所以我们将物体称为形体。

投影就是形体在投影线的照射下在投影面上所形成的影,作出形体投影的方法称为投影法,简称投影。

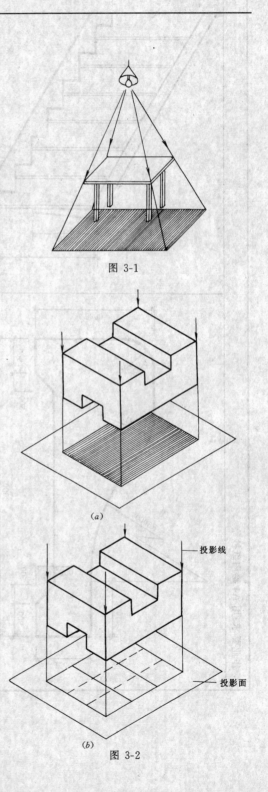

图 3-1

图 3-2

3.1.2 投影的种类

投影法可分为中心投影法和平行投影法两类。

（1）中心投影法：

投影线汇交于一点，即投影中心时，所得的投影叫做中心投影。如图3-3所示，S为投影中心，投影线经过S点并通过形体上的各顶点与H面形成交点，将这些交点连接起来就得到了形体的中心投影。

（2）平行投影法：

投影线彼此平行时所得的投影叫做平行投影。在平行投影中，如果投影线和投影面倾斜相交，这种投影叫做斜投影；如果投影线和投影面垂直相交，这种投影叫做正投影，如图3-4所示。

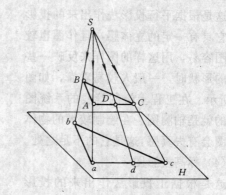

图 3-3

3.1.3 四种投影图在工程中的应用

在工程中表达建筑物时，由于目的和要求不一样，常采用下述四种投影图——透视图、正投影图、轴测图和标高投影图。这些投影图都是根据中心投影法或平行投影法作出来的。

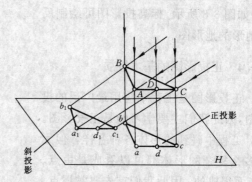

图 3-4

（1）透视图

这是根据中心投影法作出来的投影图。透视图相当于人眼在投影中心的位置时看到的房屋的形象，与照像机放在投影中心所拍得的照片一样，因此看上去自然、真实，如图3-5所示。但透视图不具有可量性，且作图繁杂。

在房屋设计中，为了表达建筑物建成后的视觉效果或装修效果，常采用透视图。

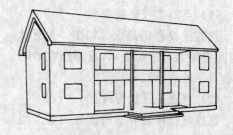

图 3-5

（2）正投影图

这是根据正投影法作出来的投影图。正投影图能反映房屋各部分的真实形状和大小，合乎工程技术上的要求，因此绝大多数工程图纸都是正投影图，如图3-6所示。正投影图没有立体感，而且一个图无法将形体全面地反映出来，故没有学过正投影知识的人不易看懂。

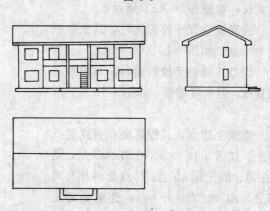

图 3-6

(3) 轴测投影图

这是根据平行投影法作出来的投影图。它具有一定的立体感，且作图也较透视图容易，用这样的图样来反映一些构件的形状时，一般人较易看懂，如图 3-7 所示。在工程上绘制管线的系统图采用的就是轴测图。在绘制较大的物体轴测图会有失真感，这是它的不足之处。

(4) 标高投影图

这是根据正投影法作出来的投影图。它是将一段地面的等高线正投影在水平的投影面上，并标上各等高线的高程，如图 3-8 所示。标高投影图可绘制反映地形的地形图。

3.1.4 正投影图的基本性质

正投影图是工程中应用最广泛的投影图，因此我们主要学习的是正投影图。

工程中碰到的形体各种各样，但无论多么复杂的形体都可以看成是由点、线、面组成的。因此我们首先要掌握点、线、面正投影的规律。

(1) 点的正投影规律

点的正投影仍是点，如图 3-9 所示（空间点用大写字母表示，投影用它的同名小写字母表示）。

(2) 直线的正投影规律

直线与投影面有三种位置关系。当直线平行于投影面时，其投影反映直线的实长，如图 3-10 (a) 所示。

当直线垂直于投影面时，其投影积聚为一点，如图 3-10 (b) 所示。

当直线倾斜于投影面时，其投影也是直线，但长度缩短，如图 3-10 (c) 所示。

直线上的点，其投影必在直线的投影上。如图 3-10 所示，C 在 AB 上，则 c 在 AB 的投影 ab 上。C 点分 AB 为两部分，$AC:CB=ac:cb$，这就是定比性。

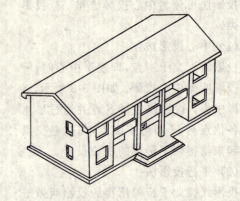

图 3-7

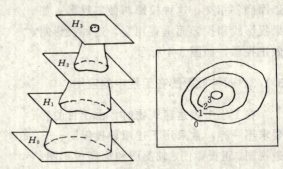

图 3-8

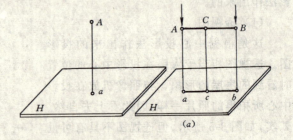

图 3-9

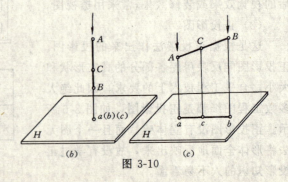

图 3-10

（3）平面的正投影规律

平面与投影面也有三种位置关系。当平面平行于投影面时，投影反映实形，如图3-11(a)所示；当平面垂直于投影时，投影积聚为直线，如图3-11(b)所示；当平面倾斜于投影面时，投影与反映原平面图形的类似形状，但面积缩小，如图3-11(c)所示。

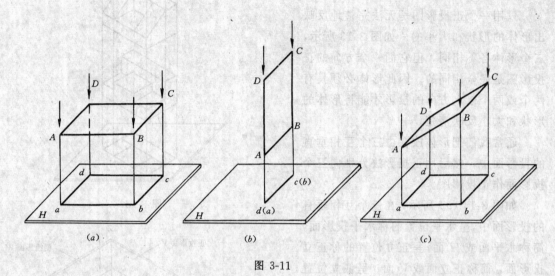

图 3-11

（4）正投影的重合

两个或两个以上的点（或线、面）的投影叠合在同一投影上叫做重合，如图3-12所示。

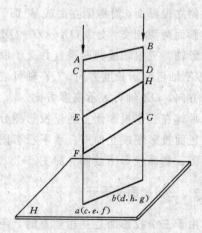

图 3-12

> 由直线和平面的正投影规律可知：当直线或平面平行于投影面时，它们的投影反映实长或实形，我们将这个特性称为显实性；当直线或平面垂直于投影面时，它们的投影积聚为点或直线，我们将这个特性称为积聚性。正是由于正投影的显实性、积聚性和上面讲述过的重合性，从而正投影就显得十分简单，能反映实形，但缺乏立体感了。当平面倾斜于投影面时，它的投影具有类似性，根据这点可帮助判断正投影图的对错。

3.2 三面正投影图

3.2.1 正立面图、平面图和侧立面图

只用一个正投影图是无法完整地反映出形体的形状和大小的。如图 3-13 所示,三个形体各不相同,但它们一个方向的正投影图是完全相同的。因此形体必须具有两个或两个以上方向的投影才能将形体的形状和大小反映清楚。

通常我们把形体放在由三个互相垂直的投影面中,然后用正投影法分别向三个投影面作正投影图。

如图 3-14 (a) 所示,在三个互相垂直的投影面中,呈水平位置的称水平投影面,简称水平面或 H 面;呈正立位置的称正立投影面,简称正立面或 V 面;呈侧立位置的称侧立投影面,简称侧立面或 W 面。三个投影面两两相交,交线 OX、OY、OZ 称为投影轴。三根轴线两两垂直并交于原点 O。OX 轴可表示长度方向,OY 轴可表示宽度方向,OZ 轴可表示高度方向。

形体在三个投影面上的正投影图分别为:正面投影图或立面图、水平投影图或平面图、侧面投影图或侧立面图。

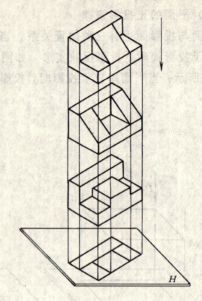

图 3-13

3.2.2 三投影面的展开

由于三个投影面是互相垂直的,所以三个投影图也就不在同一平面上。为了把三个投影图画在同一平面上,就必须将三个互相垂直的投影面连同三个投影图进行展开。如图 3-14 (b) 所示,规定 V 面保持不动,将 H 面向下旋转 90°,W 面向右旋转 90°,使它们和 V 面处在同一个平面上。这时 OY 轴分为两条,一条为 OY_H 轴,一条为 OY_W 轴。

由于形体的形状和大小与离开投影面的距离无关,故有时作形体的三面正投影图可不画出投影轴。

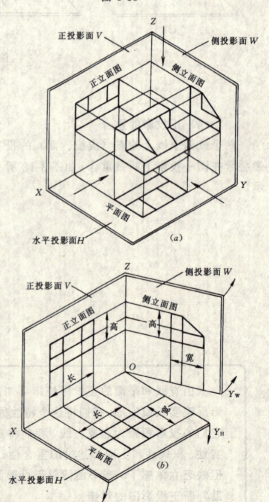

图 3-14

3.2.3 三面正投影图的规律

形体要用三个正投影图来全面、准确地反映它的形状和大小。这说明三个投影图之间一定有着联系。

展开后的三面正投影图具有下列投影规律（如图 3-15 所示）：

正立面图能反映形体的正立面形状、形体的高度和长度及其上下、左右的位置关系；

平面图能反映形体的水平面形状、形体的长度和宽度及其左右、前后的位置关系；

侧立面图能反映形体的侧立面形状、形体的高度和宽度及其上下、前后的位置关系。

三个投影图之间的关系可归纳为"长对正、高平齐、宽相等"的"三等关系"，即：

平面图与正立面图长对正（等长）；
正立面图与侧立面图高平齐（等高）；
平面图与侧立面图宽相等（等宽）。

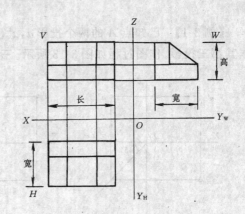

图 3-15

> 我们应注意到三面正投影图的"三等关系"是绘制和阅读三面正投影图所必须遵循的重要投影规律。

3.2.4 点的三面正投影

空间点 A 的三面正投影的直观图如图 3-16 所示。在三面正投影中，空间的点用大写字母表示，其 H 面投影用同一字母的小写形式表示，其 V 面投影用同一字母的小写形式加一撇表示，其 W 面投影用同一字母的小写形式加二撇表示。如空间点 A，其 H 面、V 面、W 面的投影分别为 a、a'、a''。

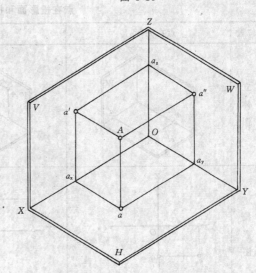

图 3-16

从点的展开后的投影图中可得出点的投影规律（如图 3-17 所示）：

正面投影和水平投影的连线垂直于 OX 轴，即 $a'a \perp OX$；

正面投影和侧面投影的连线垂直于 OZ 轴，即 $a'a'' \perp OZ$；

水平投影到 OX 轴的距离等于侧面投影到 OZ 轴的距离，即 $aa_x = a''a_z$。

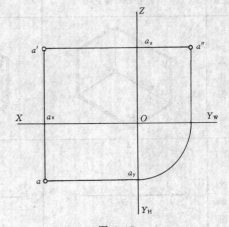

图 3-17

由点的三面投影规律可知：如果已知点的任意两个投影，定能求出它的第三投影。

【例 3-1】 已知点 A 的两个投影 a, a',求作其第三投影。作图过程如图 3-18 所示。三种方法均可使用,按图中箭头所指的步骤完成。

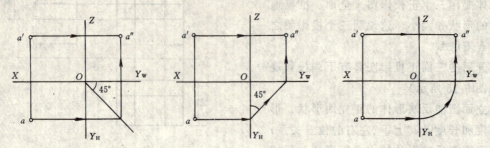

图 3-18

点在投影面和投影轴上的投影 表 3-1

位置	点在 H 面上	点在 V 面上	点在 W 面上
立体图			
投影图			

位置	点在 OX 轴上	点在 OY 轴上	点在 OZ 轴上
立体图			
投影图			

由点的正投影特性可知,如果两个点位于同一投影线上,则此两点在该投影面上的投影必然重叠,该投影可称为重影,并对该投影面来说此两点为重影点。这里离投影面较远的那个重影点是可见的,而另一个重影点则不可见。当点的投影为不可见时,可用一个括号( )加在该点的投影符号上。

【例 3-2】 试判断图 3-19 中 A、B、C、D 四点在三面投影中的可见性。

判断:

由图可知,A、B 两点对 H 面来说是重影点,所以 A、B 重合,A 在上,B 在下,故 A 可见而 B 不可见,所以用 a 表示 A 可见,用 (b) 表示 B 不可见。

A、C 两点对 V 面来说是重影点,A 可见而 C 不可见,它们在 V 面的投影重合分别为 a' (c')。

B、D 两点对 W 面来说是重影点,B 可见而 D 不可见,它们在 W 面的投影重合分别为 b'' (d'')。

空间两点的相对位置可以从投影图中获知。

【例 3-3】 试判断图 3-20 中 A、B 的相对位置:

从两点的正面投影和侧面投影来看,A 在 B 的上方;

从两点的正面投影和水平投影来看,A 在 B 的左方;

从两点的水平投影和侧面投影来看,A 在 B 的前方;

因此可判断,A 在 B 的上左前方。

我们应注意,点的三面投影规律特别重要,若以空间 A 点为例,我们必须牢记:
$a'a \perp OX$,$a'a'' \perp OZ$,$aa_X = a''a_Z$

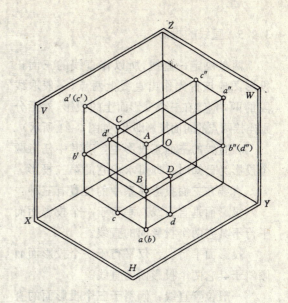

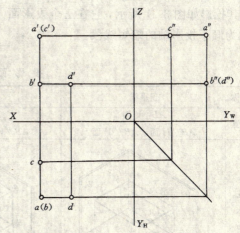

图 3-19

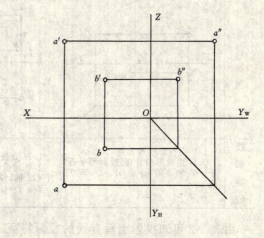

图 3-20

3.2.5 直线的投影

两点决定一直线,所以作直线的三面正投影图应该首先作出直线上两点(一般取线段的两端点)在三个投影面上的投影,然后分别连接两点的同面投影即可(如图 3-21 所示)。

在直线的三面正投影中,若其中任意两个投影为已知时,即可求出它的第三投影。

直线在三面投影体系中的位置有三种:

投影面垂直直线:垂直于一个投影面而平行于其它两个投影面的直线。

投影面平行线:仅平行于一个投影面而倾斜于其它两个投影面的直线。

一般位置直线:倾斜于三个投影面的直线,其投影如图 3-21 所示,它在三个投影面上均为倾于投影轴的缩短线段。

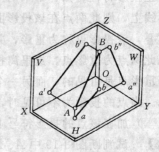

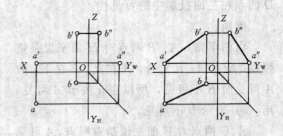

图 3-21

投 影 面 垂 直 线　　　　　　表 3-2

名称	正垂线	铅垂线	侧垂线
位置	$AB \perp V$ 面 $AB // H$ 面,$AB // W$ 面	$AB \perp H$ 面 $AB // V$ 面,$AB // W$ 面	$AB \perp W$ 面 $AB // H$ 面,$AB // V$ 面
立体图			
投影图			
投影特征	1. V 面投影积聚为点 2. H 面投影和 W 面投影都平行于 OY 轴,即 $ab // OY_H$,$a''b'' // OY_W$ 3. $ab = a''b'' = AB$	1. H 面投影积聚为点 2. V 面投影和 W 面投影都平行于 OZ 轴,即 $a'b' // OZ$,$a''b'' // OZ$ 3. $a'b' = a''b'' = AB$	1. W 面投影积聚为点 2. H 面投影和 V 面投影都平行于 OX 轴,即 $ab // OX$,$a'b' // OX$ 3. $ab = a'b' = AB$

由表 3-2 可知投影面垂直线的投影特征是:直线在其垂直的投影面上的投影积聚为一点;而在另外两个投影面上的投影平行于同一投影轴,且反映实长。

投影面平行线 表 3-3

名称	正平线	水平线	侧平线
位置	$AB/\!/V$ 面	$AB/\!/H$ 面	$AB/\!/W$ 面
立体图			
投影图			
投影特征	1. V 面投影 $a'b'$ 倾斜于投影轴,但反映实长,即 $a'b'=AB$ 2. $ab/\!/OX$, $ab\perp OY_H$, $a''b''/\!/OZ$, $a''b''\perp OY_W$, ab、$a''b''$ 不反映实长	1. H 面投影 ab 倾斜于投影轴,但反映实长,即 $ab=AB$ 2. $a'b'/\!/OX$, $a'b'\perp OZ$, $a''b''/\!/OY_W$, $a''b''\perp OZ$, $a'b'$、$a''b''$ 不反映实长	1. W 面投影 $a''b''$ 倾斜于投影轴,但反映实长,即 $a''b''=AB$ 2. $ab/\!/OY_H$, $ab\perp OX$, $a'b'/\!/OZ$, $a'b'\perp OX$, ab、$a'b'$ 不反映实长

由表 3-3 可知,投影面平行线的投影特征是:直线在其平行的投影面上的投影倾斜于投影轴,但反映实长;而在另外两个投影面上的投影平行于相应的投影轴,不反映实长。

直线的空间位置的识读就是根据各种位置直线的投影特征来判断的。如果直线的投影积聚为一点,该直线就是投影面垂直线;如果直线只有一个投影倾斜于投影轴,该直线一定是投影面平行线;如果直线有两个投影倾斜于投影轴,该直线就是一般位置直线。

【例 3-4】 试判断图 3-22 中直线 SB、SC 和 AC 的空间位置:

判断:

SB 的投影 $a''b''$ 倾斜于投影轴,sb、$s'b'$ 分别平行于 OY 轴和 OZ 轴,故 SB 为侧平线;

SC 的投影 sc、$s'c'$、$s''c''$ 均倾斜于投影轴,故 SC 为一般位置直线;

AC 的投影 $a''(c'')$ 积聚为一点,ac、$a'c'$ 平行于 OX 轴,故 AC 为侧垂线。

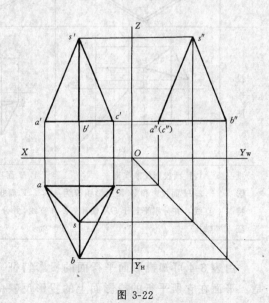

图 3-22

3.2.6 平面的投影

平面一般是用平面图形来表示的，故作一个平面的投影首先应求平面图形轮廓上若干点（多边形为顶点）的三面正投影，然后顺序连接各点的同面投影即可（如图3-23所示）。

平面在三面投影体系中的位置有三种：

投影面平行面：平行于一个投影面而垂直于其它两个投影面的平面。

投影面垂直面：仅垂直于一个投影面而倾斜于其它两个投影面的平面。

一般位置平面：倾斜于三个投影面的平面，其投影见图3-23。平面在三个投影面上的投影均为小于原形的类似图形。

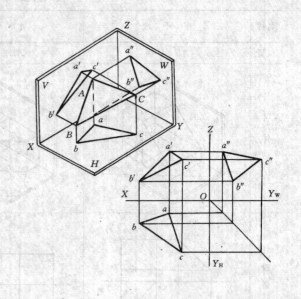

图 3-23

投 影 面 平 行 面　　　表 3-4

名称	正平面	水平面	侧平面
位置	△ABC // V 面 △ABC ⊥ H 面，△ABC ⊥ W 面	△ABC // H 面 △ABC ⊥ V 面，△ABC ⊥ W 面	△ABC // W 面 △ABC ⊥ H 面，△ABC ⊥ V 面
立体图			
投影图			
投影特征	1. V 面投影反映实形 2. H 面投影和 W 面投影积聚为直线，并分别平行于 OX 轴和 OZ 轴	1. H 面投影反映实形 2. V 面投影和 W 面投影积聚为直线，并分别平行于 OX 轴和 OY_W 轴	1. W 面投影反映实形 2. H 面投影和 V 面投影积聚为直线，并分别平行于 OY_H 轴和 OZ 轴

由表3-4可知投影面平行面的投影特征是：平面在它所平行的投影面上的投影反映实形；而在其它两个投影面上的投影积聚成直线，分别平行于相应的投影轴。

投影面垂直面 表3-5

名称	铅垂面	正垂面	侧垂面
位置	$\triangle ABC \perp H$ 面	$\triangle ABC \perp V$ 面	$\triangle ABC \perp W$ 面
立体图			
投影图			
投影特征	1. 在 H 面积聚为倾斜于轴线的直线 2. 在 V 面和 W 面的投影为类似图形	1. 在 V 面积聚为倾斜于轴线的直线 2. 在 H 面和 W 面的投影为类似图形	1. 在 W 面积聚为倾斜于轴线的直线 2. 在 H 面和 V 面的投影为类似图形

由表 3-5 可知投影面垂直面的投影特征是：平面在它所垂直的投影面上积聚成一条倾斜于投影轴的直线；而在其它两个投影面上得到小于原形的类似图形。

平面空间位置的识读就是根据各种位置平面的投影特征来判断的。如果一个平面的一个投影为平面图形，而另外两个投影积聚为平行于投影轴的直线，该平面就是投影面平行面；如果平面只有一个投影积聚且倾斜于投影轴，该平面为投影面垂直面；如果平面的三个投影均为类似图形，该平面为一般位置平面。

【例 3-5】 试判图 3-24 中平面 ABC、BCD、CDE 的空间位置。

判断：

平面 ABC 的 H 面投影 abc 为三角形，V 面、W 面投影积聚为直线，故平面 ABC 为水平面；

平面 BCD 的三个投影均为三角形，故平面 BCD 为一般位置平面；

平面 CDE 的 H 面投影积聚为倾斜投影轴的直线，故平面 CDE 为铅垂面。

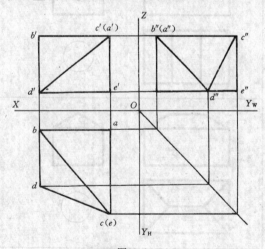

图 3-24

> 我们应注意利用空间直线和平面相对投影面的位置来识图。当它平行于某一投影面时，则在该投影面上的投影反映它的实长或实形；当它垂直于某一投影面时，它的投影就积聚为一点或一直线。

练习题 3

1. 在投影图的圆内填上相应的直观图编号

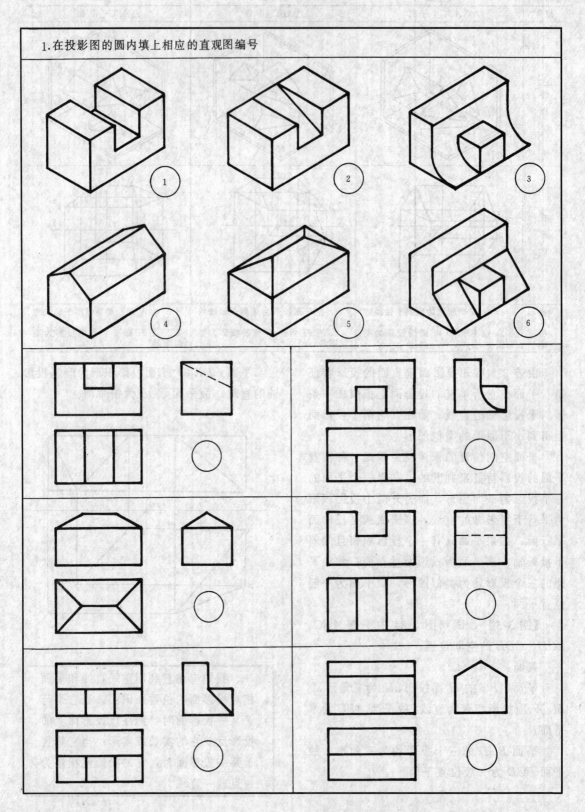

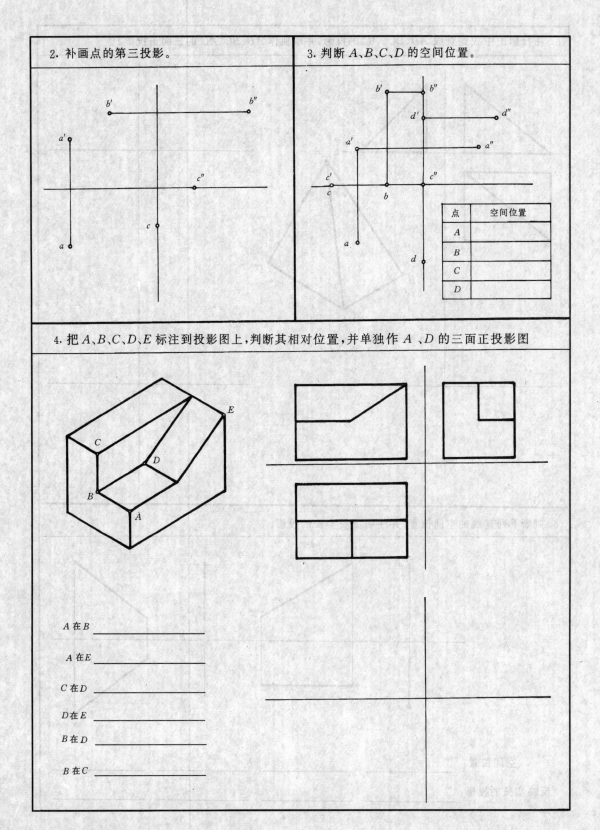

5. 在投影图中找到直线 AB、BC、AC 的投影,并单独作 AB、BC、AC 的三面正投影。

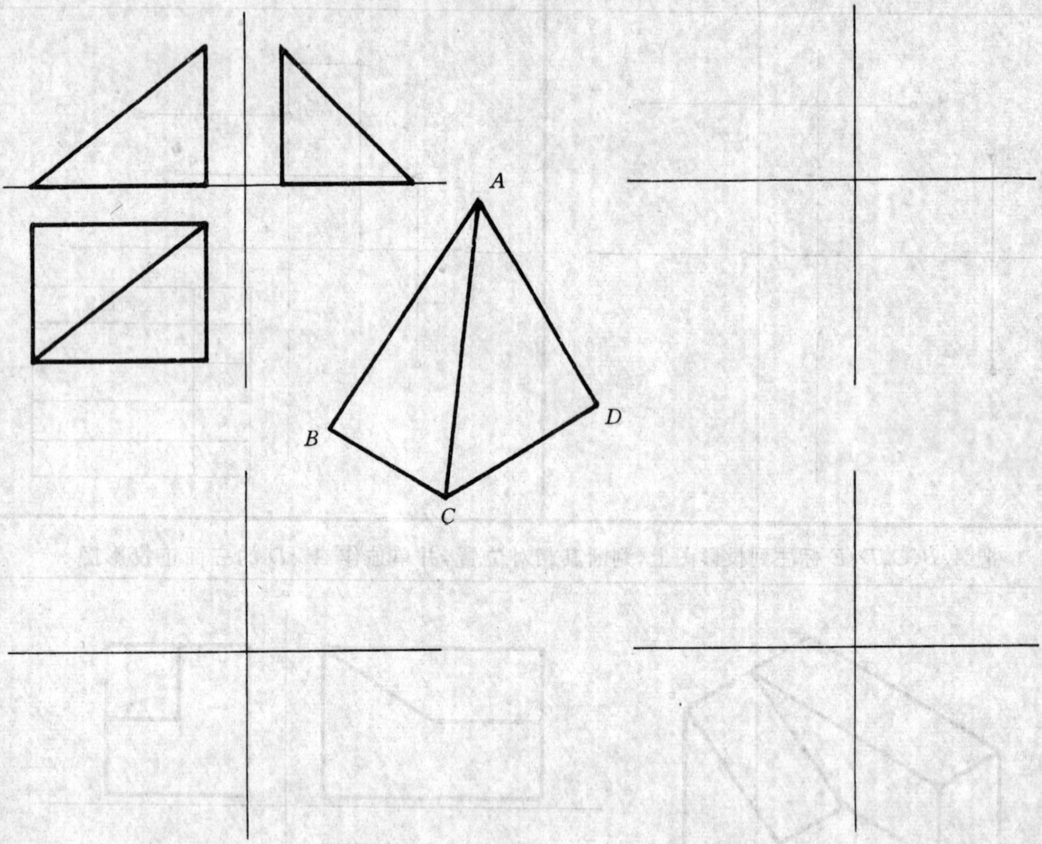

6. 判断下列直线的空间位置,并注明反映实长的投影。

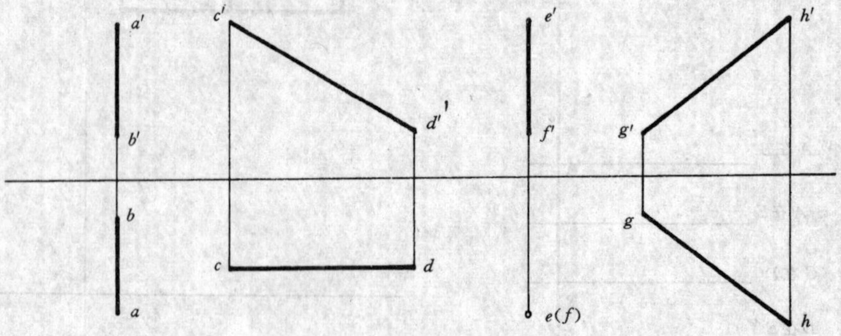

空间位置:_____

反映实长的投影:_____

7.在投影图中注明P、Q、R面的投影,并判断其空间位置。

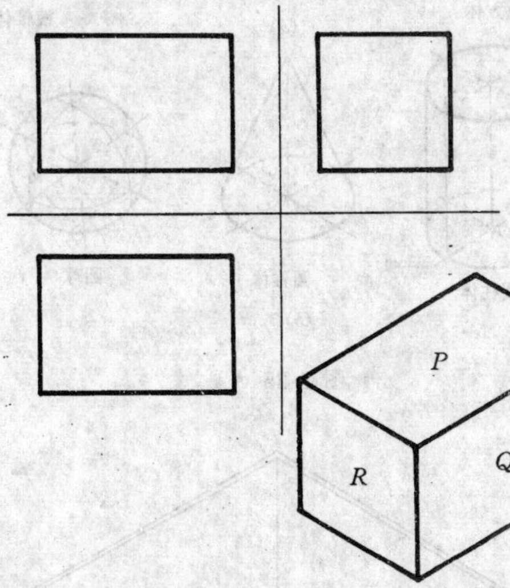

平面	空间位置
P	
Q	
R	

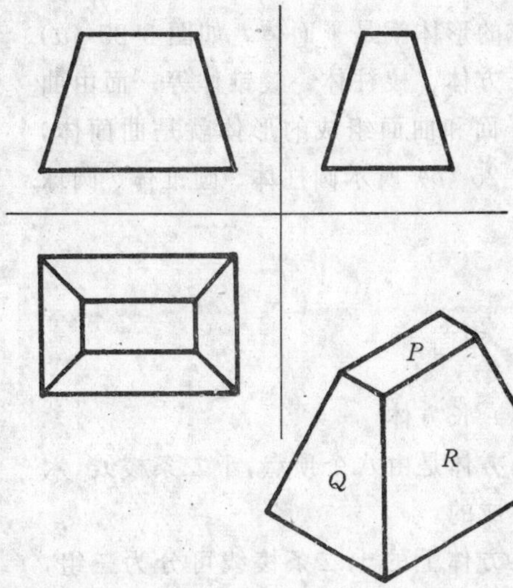

平面	空间位置
P	
Q	
R	

平面	空间位置
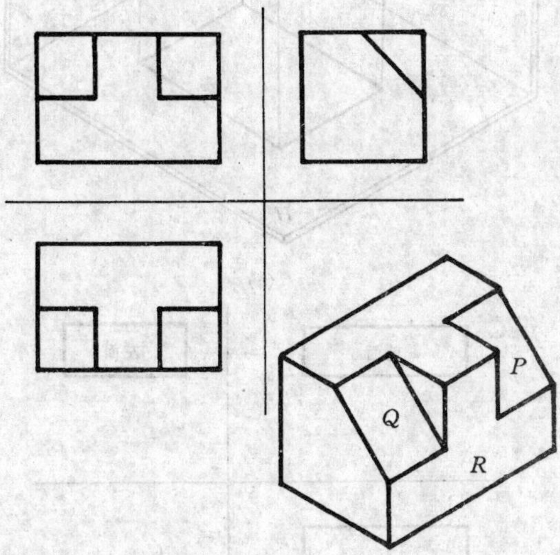 P	
Q	
R	

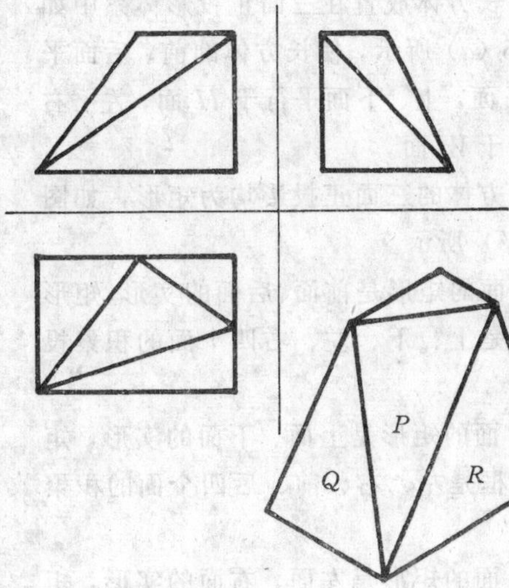

平面	空间位置
P	
Q	
R	

3.3 体的三面正投影图

建筑物形状复杂多样,但分析起来它们都是由一些基本形体组成的。其中由平面组成的形体就是平面体,如图 3-25（a）所示长方体、棱柱体、棱锥体等;而由曲面或平面和曲面组成的形体就是曲面体,如图 3-25（b）所示圆柱体、圆锥体、圆球等。

3.3.1 平面体

（1）长方体

长方体是由八个顶点,十二条棱线,六个面组成的。

长方体上的十二条棱线可分为三组,每组四条。每组内的四条棱线互相平行,且相等,不同组的棱线互相垂直。

长方体上的六个面可分为前后、左右、上下三组矩形平面,相对的两个平面平行且全等,相邻的两个平面互相垂直。

将长方体放置在三面正投影体系中如图 3-26（a）所示,使长方体的前、后面平行于 V 面,上、下面平行于 H 面,左、右面平行于 W 面。

长方体的三面正投影均为矩形,如图 3-26（b）所示。

V 面的矩形是前面、后面的实形,矩形的边框是上、下、左、右四个面的积聚投影。

H 面的矩形是上面、下面的实形,矩形的边框是左、右、前、后四个面的积聚投影。

W 面的矩形是左面、右面的实形,矩形的边框是上、下、前、后四个面的积聚投影。

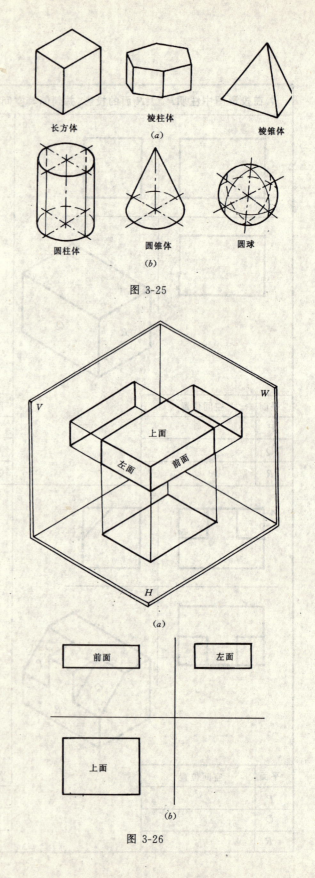

图 3-25

图 3-26

（2）棱柱体

棱柱体是由上、下底面和侧面组成的。

棱柱体的上、下底面是两个全等且平行的多边形。

棱柱体的侧面均为矩形，侧棱与侧面均垂直于上下底面。

如图 3-27(a)所示三棱柱，其上下底面均为三角形且互相平行；三条侧棱与三个侧面均垂直于上下底面，三个侧面均为矩形。

将三棱柱放置在三面投影体系中，使其上、下底面平行于 H 面，因此它的各侧面、侧棱均垂直于 H 面。

作三棱柱的投影可先作其 H 面投影，作 V、W 面投影时可先作出其上、下底面的积聚投影，再作侧棱的投影，图 3-27（b）为三棱柱的三面正投影。

在形体的投影图中出现的虚线表示看不见的轮廓线。

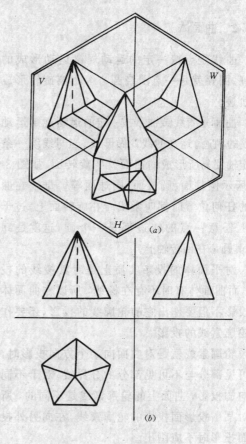

图 3-28

（3）棱锥体

棱锥体是由底面和侧面组成的。

棱锥体的底面为多边形。棱锥体的侧面均为三角形，各条侧棱相交于顶点。

如图 3-28(a)所示五棱锥，其底面为五边形，五个侧面均为三角形，各侧棱相交于顶点。

将五棱锥放置在三面投影体系中，使其底面平行于 H 面。

作五棱锥的投影可先作其 H 面的投影，作 V、W 面投影时可先作其下底面的积聚投影和顶点投影。图 3-28（b）为五棱锥的三面正投影。

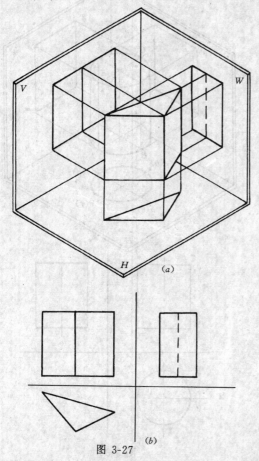

图 3-27

> 我们应注意，作空间平面体的投影实质上是对其棱线和底面边线投影的组合。

3.3.2 曲面体

曲线是点按一定的运动规律运动形成的轨迹。圆弧就是一点围绕圆心等距离旋转形成的轨迹。

曲面是直线或曲线按一定的运动规律运动形成的轨迹。运动的线叫做母线。当母线绕一条固定轴回转所形成的曲面就叫旋转面,如图3-29所示圆柱面、圆锥面、圆球面等。母线在曲面的任何位置时都叫素线。在旋转面上,过母线上任意一点的轨迹都是一个圆,这就是纬圆,其圆心在回转轴上。

对平面体的投影实质上是对其棱线的投影。而曲面体有时不存在棱线,所以作曲面体的投影不但要作出它的轮廓线的投影,还要作出轮廓素线的投影。

轮廓素线就是对曲面向某个方向投影时,其可见部分与不可见部分的分界线。对于不同方向的投影,曲面上的轮廓素线是不同的,所以对某一投影面投影的轮廓素线,在向另外投影面投影时不应画出。

（1）圆柱体

圆柱是由上下底面和圆柱面组成的。

圆柱的上、下底面是两个互相平行且大小完全相同的圆。

圆柱面可看作由无数条素线组成的曲面,每一条素线都垂直于上、下底面。

将圆柱体放置在三面投影体系之中如图3-30（a）所示,使其上、下底面平行于H面,圆柱面（所有素线）垂直于H面。

作圆柱的三面正投影可先作其H面投影,即一个圆。这个圆可以表示上下底面的实形,又可表示圆柱面的积聚投影。

作圆柱的V、W面投影可先作出上、下底面的积聚投影,再作轮廓素线的投影。其中AB、CD是对V面投影时的轮廓素线,所以在对W面投影时不应画出；EF、GH是对W面投影时的轮廓素线,故在对V面投影时不应画出,圆柱的三面正投影如图3-30（b）所示。

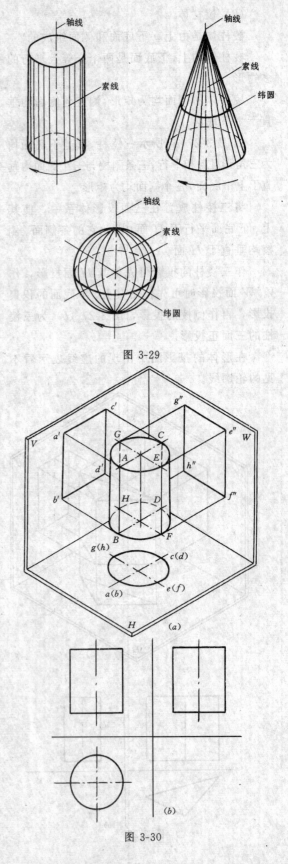

图 3-29

图 3-30

（2）圆锥体

圆锥体是由底面和圆锥面组成的。

将圆锥放置在三面投影体系之中，如图 3-31（a）所示，使其底面平行于 H 面。

作圆锥的三面正投影可先作其 H 面投影，即一个圆。这个圆可以表示下底面的投影，也可表示锥面的投影，其中心为锥顶的投影。

作圆锥的 V、W 面投影可先作出底面及顶点的投影，再作轮廓素线的投影。圆锥的三面正投影如图 3-31（b）所示。

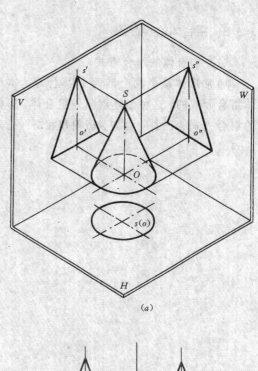

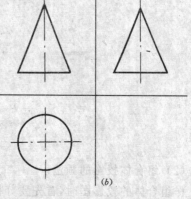

图 3-31

（3）圆球

圆球由球面组成，如图 3-32（a）所示。

圆柱面和圆锥面均由直线回旋而成，而球面是由半圆的弧线回旋而成。故圆柱面和圆锥面为直线曲面，而球面为曲线曲面。圆柱面与圆锥面可摊平在一个平面上，而球面则不能。

圆球在三个投影面上均为直径是球直径的圆，如图 3-32（b）所示。

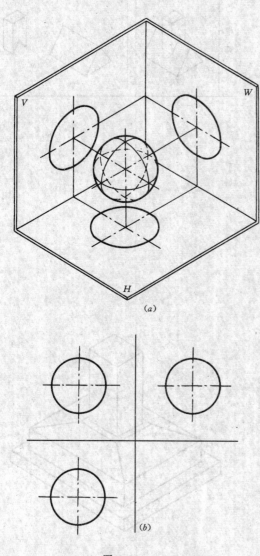

图 3-32

> 注意曲面体没有棱线，只有轮廓素线。作曲面体的投影，实质上是对其轮廓素线及底面曲线的投影。

3.3.3 组合体的投影图

(1) 组合体的组合方式

通常形体是由两个或两个以上的基本形体组合而成的,这种形体就叫做组合体。形体的组合方式有三种:叠加、切割和相贯(见表3-6)。

形体的组合方式　　表 3-6

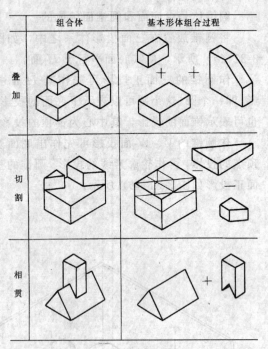

(2) 组合体投影的画法

作组合体的投影图时,首先要分析形体是由哪些基本形体组成的,它们与投影面之间的关系如何?它们之间的相对位置如何?然后根据它们的组合过程进行作图。投影图能反映出形体的形状,其大小可用尺寸标注。标注组合体的尺寸不但要标出各组成部分及其位置的尺寸,还要标注组合体的总尺寸,即总长、总宽和总高。

【例 3-6】 作图 3-33 所示组合体的投影图。

分析:

该组合体由四个基本形体叠加而成,最下部分为长方体,在它的上面依次为长方体、四棱台、长方体。

作图过程如图 3-34 所示。

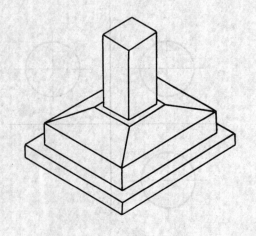

图 3-33

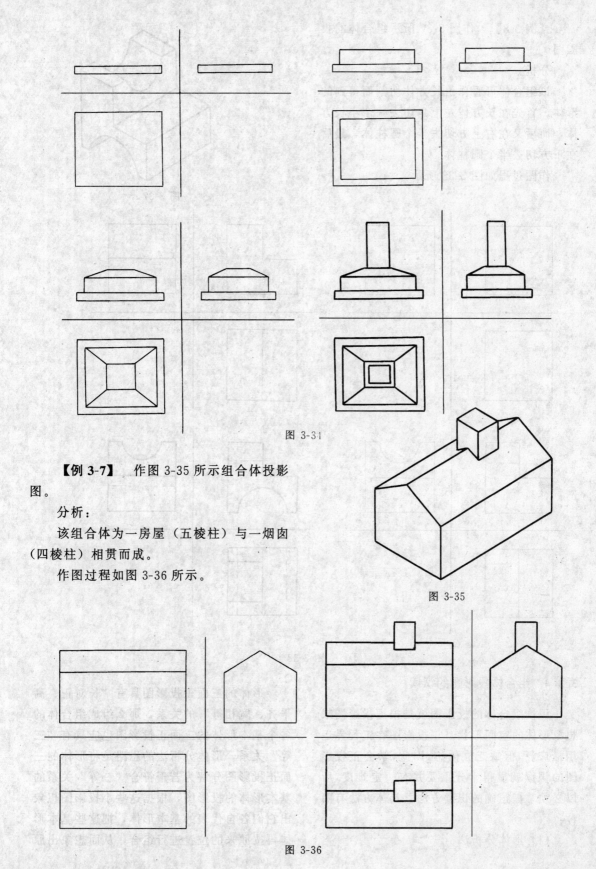

图 3-31

【例 3-7】 作图 3-35 所示组合体投影图。

分析：

该组合体为一房屋（五棱柱）与一烟囱（四棱柱）相贯而成。

作图过程如图 3-36 所示。

图 3-35

图 3-36

【例 3-8】 作图 3-37 所示组合体的投影图

分析：

该组合体可看作由长方体切割而得到的形体。首先在长方体左上角切去一个小长方体，而后又在右上方切去半个圆柱体，最后在下方切去半个圆柱体。

作图过程如图 3-38 所示。

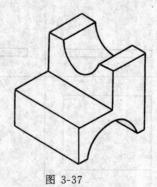

图 3-37

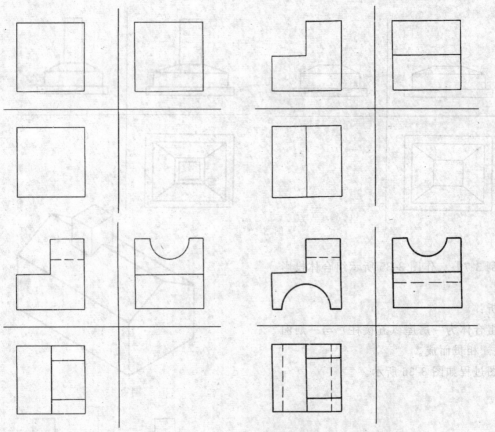

图 3-38

3.3.4 组合体投影图的识读

识读组合体的投影图就是根据投影图来想象形体的空间形状。正投影图在工程界运用最广泛，但缺乏立体感，因此，学会正投影图的识读就显得十分重要并有一定难度，所以必须掌握正确的识读方法。具体方法有两种：

(1) 形体分析法

形体的三面正投影图具有"长对正、高平齐、宽相等"的关系，那么组成组合体的各个基本形体的三面正投影图也应具有"三等"关系。形体分析法的思路是将形体的三面正投影图分解为若干符合"三等"关系的基本形体的投影图，根据这些小投影图想象出它们各自代表的基本形体，把这些基本形体再按原来的位置进行组合，从而想象出原三面正投影图所示组合体的形状。

【例 3-9】 识读图 3-39 所示组合体投影图。

识读过程如图 3-40 所示,最后想象出形体形状如图 3-41 所示。

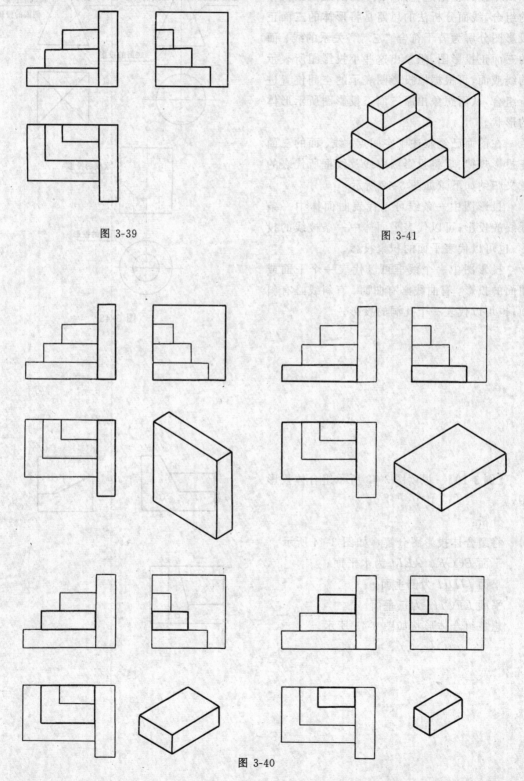

图 3-39

图 3-41

图 3-40

(2) 线面分析法

形体是由若干点、线、面组成的,形体的三面正投影就是这些点、线、面的三面正投影的组合。线面分析法的思路是将形体的三面正投影图分解为若干符合"三等"关系的线、面的三面正投影图,想象出这些小投影图所表示的线或面,再根据原投影图表示的空间位置进行组合,从而想象出原三面正投影图所示形体的形状。

在前面已经叙述了空间点、线、面的三面正投影规律。现将投影图中线及线框所代表的意义归纳如下(如图 3-42 所示):

投影图中一条线可以代表曲面体中一条素线的投影;可以代表平面体中一条棱线的投影;也可以代表平面的积聚投影。

投影图中一个线框可以代表一个平面或曲面的投影,有曲线必有曲面,有斜线必有斜面;也可以代表一个孔洞的投影。

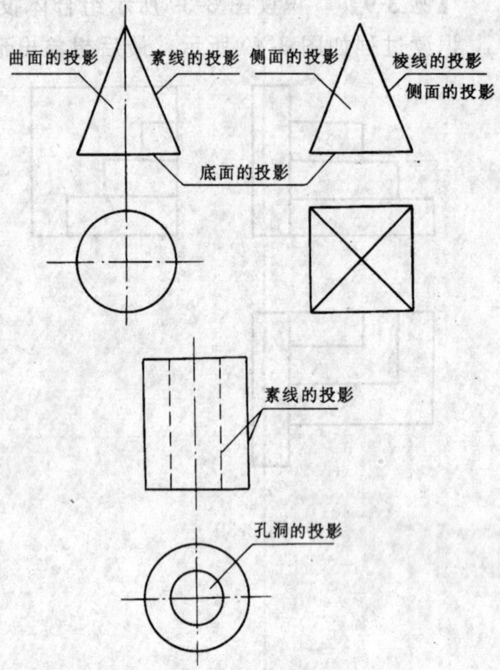

图 3-42

【例 3-10】 识读图 3-43 所示组合体投影图。

分析:
将组合体投影图分解,如图 3-44 所示。
平面 BCGF、AEIJ 为水平面;
平面 IJDH 为侧垂面;
平面 EFGHI 为正垂面。
想象组合体形状如图 3-45 所示。

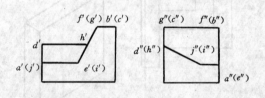
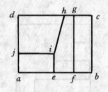

图 3-43

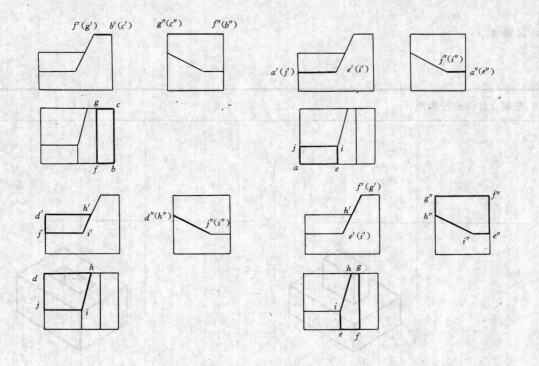

图 3-44

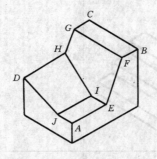

图 3-45

画组合体的投影图时,往往将组合体分解为若干基本形体进行作图。因此,我们首先应能够熟练地掌握基本形体正投影图的作图,而且要注意实际上组合体是一个整体,故作图时基本形体互相迭合时产生的交线是否存在要具体分析。

我们要注意识读形体正投影图,而前面讲述的形体分析法和线面分析法往往是混合运用的。一般情况下可先用形体分析法了解组合体的大致形状,再对有疑点的线或线框运用线面分析法进行分析。综合运用这两种读图方法才能正确而又迅速地识读正投影图。

练习题 4

1. 根据立体图画投影图。

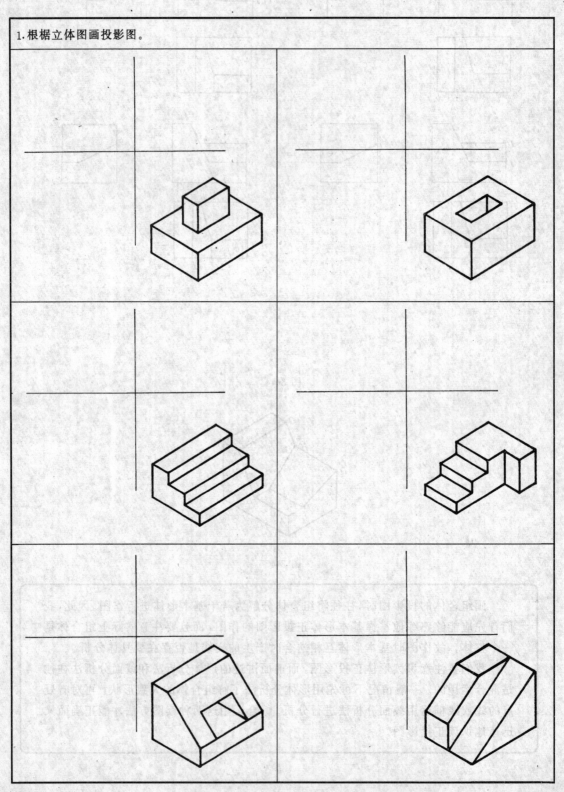

2. 根据立体图画投影图。

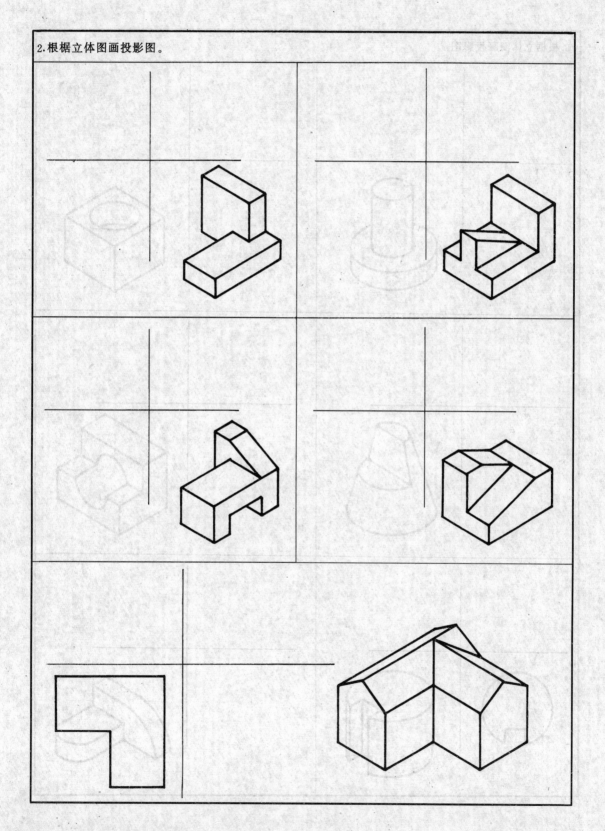

3. 根据立体图画投影图

4. 已知形体两投影，补画第三投影

5. 已知形体两投影，补画第三投影

6.补全投影图中所缺的图线

3.4 轴测投影

正投影图能够完整地、准确地反映形体的形状和大小，且作图方便，因此它是工程图纸的主要图样。但形体的每一个正投影图只能反映形体长、宽、高三个向度中的两个，识读时必须把三个投影图联系起来才能想象出空间形体的全貌，因此正投影图不能直观地反映形体的形状，如图 3-46(a) 所示。而轴测投影图能够把形体的长、宽、高三个向度同时反映在一个图上，所以轴测投影图比较直观且易看懂，如图 3-46(b) 所示。

轴测投影属于平行投影，它是用互相平行的投影线，将形体连同三根投影轴一起投射在一个新投影面上而形成的投影图。如图 3-47 所示。

3.4.1 有关名词介绍

(1) 轴测投影面：图 3-47 中 P 平面。

(2) 轴测投影轴：空间投影轴 OX、OY、OZ 在 P 平面上的投影 O_1X_1、O_1Y_1 和 O_1Z_1，简称轴测轴。

(3) 轴间角：轴测轴之间的夹角。

(4) 轴向变形系数：轴测投影轴的长度与空间投影轴长度的比值，用 p、q、r 表示。即：

$$p=\frac{O_1X_1}{OX};\quad q=\frac{O_1Y_1}{OY};\quad r=\frac{O_1Z_1}{OZ}$$

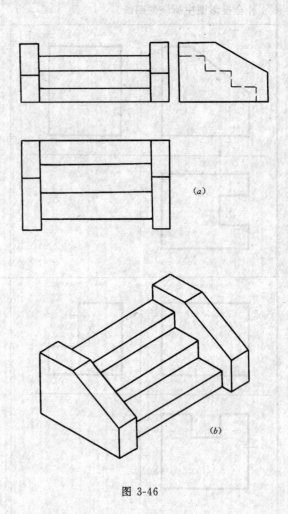

图 3-46

3.4.2 轴测投影图的特性

(1) 直线的轴测投影仍然是直线。

(2) 空间互相平行的直线，其轴测投影仍然互相平行。空间平行于投影轴的直线，其轴测投影必定平行于相应的轴测投影轴。

(3) 只有与投影轴平行的线段才能与相应的投影轴发生相同的变形。其长度可按变形系数 p、q、r 来确定和量取。

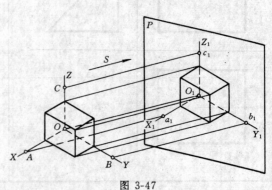

图 3-47

3.4.3 常用轴测图的种类

轴测投影可分为两大类：正轴测图和斜轴测图。

正轴测图是指三投影轴与轴测投影面倾斜，投影线垂直于轴测投影面而得到的轴测投影图，如图 3-48 所示。常用的正轴测图有正等测和正二测。

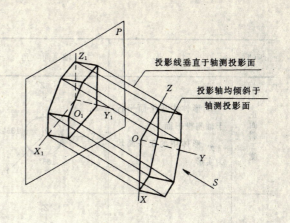

图 3-48

斜轴测图是指三投影轴中两投影轴平行于轴测投影面，投影线倾斜于轴测投影面而得到的轴测投影图，如图 3-49 所示。常用的斜轴测图有正面斜二测和水平斜二测。

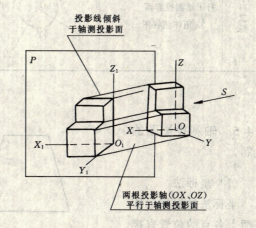

图 3-49

3.4.4 常用轴测图的特点（表 3-7）

表 3-7

种类	特 点	轴 间 角	轴向变形系数	轴测投影图
正等测	1. 三根投影轴与轴测投影面倾角相同 2. 作图较简便	X_1、Y_1 间 120°，X_1、Z_1 间 120°，Y_1、Z_1 间 120°	$p=q=r=0.82$ 实际作图取 $p=q=r=1$	
正二测	1. 三根投影轴中两根投影轴（OX 与 OZ）与轴测投影面倾角相同 2. 作图较繁，比较富有立体感	97°10′，131°25′，131°25′	$p=r=0.94$ $q=0.47$ 实际作图取 $p=r=1$ $q=0.5$	

续表

种类	特 点	轴 间 角	轴向变形系数	轴测投影图
正面斜二测	1. 形体中正平面平行于轴测投影面 2. 形体中的正平面均为实形	X_1轴与Z_1轴夹角90°，X_1与Y_1、Z_1与Y_1均为135°	$p=r=1$ $q=0.5$	
水平斜二测	1. 形体中的水平面平行于轴测投影面 2. 用作俯视图	X_1与Z_1夹角120°，Z_1与Y_1夹角150°，X_1与Y_1夹角90°	$p=q=1$ $r=0.5$ （或$r=1$）	

3.4.5 轴测投影图的绘制

（1）坐标法

坐标法是根据形体表面上各点的位置直接作轴测图。轴测图中看不见的棱线不画。

坐标法作正二测图见图3-50所示。

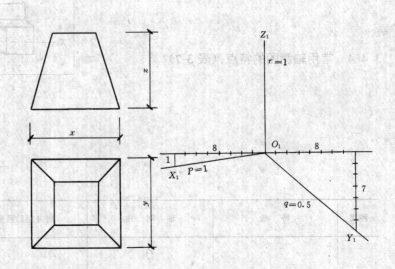

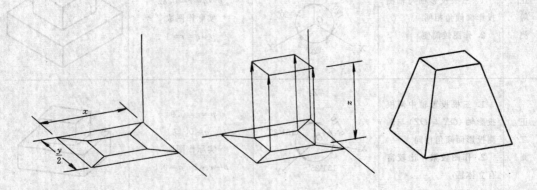

图 3-50

（2）切割法

切割法适用于作由简单形体切割得到的组合体的轴测图。画轴测图时，先画基本形体的轴测图，然后将切割的部分画出，即为组合体的轴测图。

切割法作组合体的正等测图如图 3-51 所示。

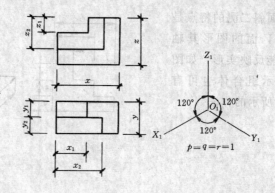

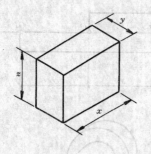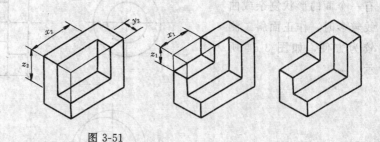

图 3-51

（3）叠加法

叠加法适用于作由多个形体叠加而成的组合体的轴测投影图。画轴测图时，先取其中一个主要的基本形体作基础，然后将其余形体逐个叠加。

叠加法作组合体的正面斜二测图如图 3-52 所示。

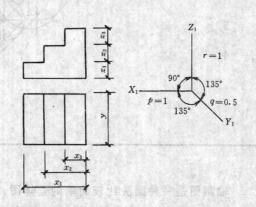

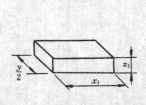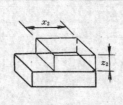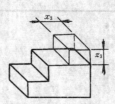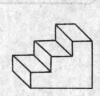

图 3-52

正面斜二测的特点是平行于 V 面的图形其轴测投影能反映实形，如图 3-52 所示组合体也可有图 3-53 所示的作法。

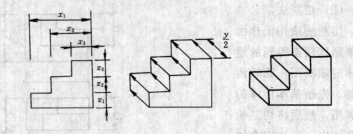

图 3-53

由上图可知，当形体有一个面的形状复杂或曲线较多时，作正面斜二测较为方便，如图 3-54 所示。

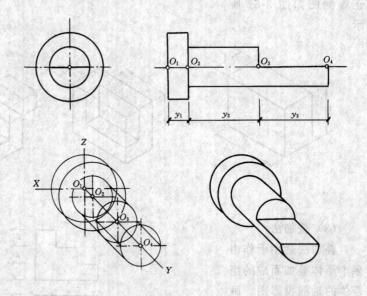

图 3-54

轴测图是一种画法比较简单的立体图。我们应掌握常用的轴测图如正等测图、正二测图、斜二测图的画法。正二测直观效果好，但作图比较麻烦；斜二测作图方便，但有些失真。作图时可根据图样的具体情况灵活选用。轴测投影图的画法有坐标法、切割法、叠加法三种，实际画图时可将三种方法综合运用。

练习题 5

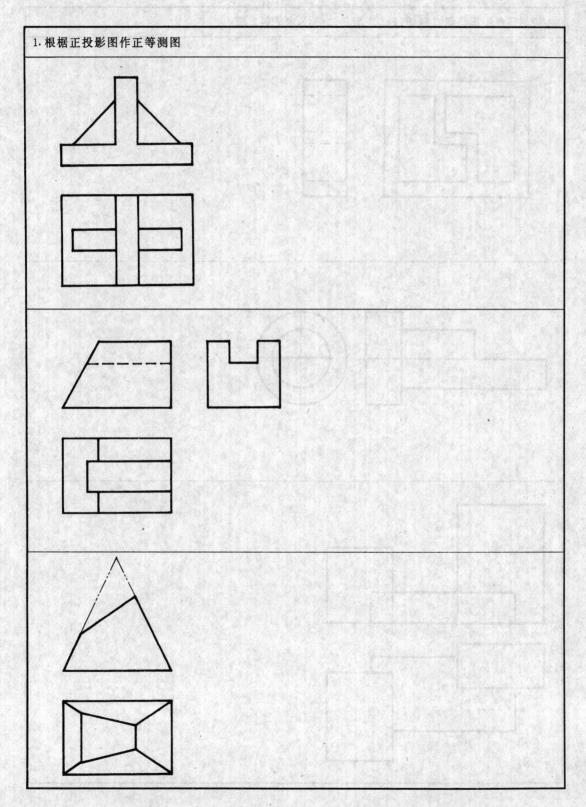

2.根据正投影图作斜二测图:1、2.正面斜二测;3.水平斜二测

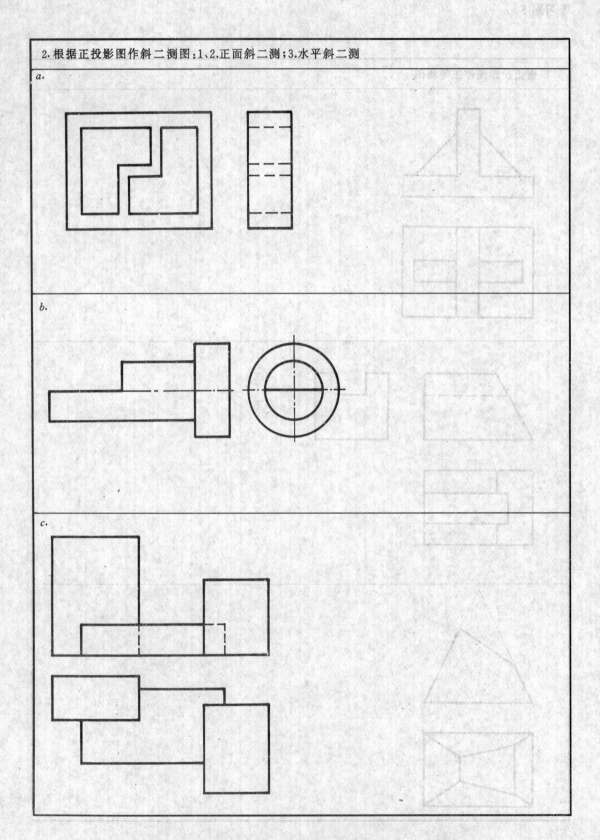

3.5 剖面图与断面图

正投影图中,可见的轮廓线用实线表示,不可见的轮廓线用虚线表示。当物体内部构造比较复杂时,图中将出现很多虚线,图线重叠,很难将物体的内部构造表达清楚,同时也不利于尺寸的标注。

试想图 3-55 所示的如此简单的房屋投影已如此复杂,那么一幢房屋的投影图将会如何呢?

如何来解决这一问题呢?关键在于减少图中的图线,并使虚线变成实线。要使虚线变成实线,就必须使不可见轮廓线变成可见轮廓线。

工程中通常采用的是剖切的方法,用剖面图或断面图来表达形体就可以解决上述问题。

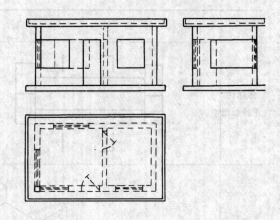

图 3-55

3.5.1 剖面图与断面图的形成(表 3-8)

剖面图与断面图的形成　　　　　　表 3-8

	剖 面 图	断 面 图	备 注
形体的剖切	断面(截面)　　剖切面		1. 剖切面是假定的 2. 断面(截面)是剖切面与物体相交所得的图形
剖切后的投影	投影方向 移去左侧,向剩下的形体进行正投影	投影方向 对断面进行正投影	
投影图			同一剖切位置,剖面图中包含断面图

3.5.2 剖面图与断面图的画法规定（表3-9）

表3-9

	剖面图	断面图	说明
形体的正投影图			
用假想剖面剖切形体			1. 剖切面通常为投影面平行面，如P面为侧平面 2. 剖切面的位置可用其积聚投影表示。如P平面可用它的V、H面的积聚投影表示其位置
剖切符号	剖切位置线／剖切方向线可看作箭头表示剖视方向	剖切位置线／数字所在一侧为剖视方向	1. 剖切面的积聚投影用两段粗黑线表示 2. 习惯位置的剖切无需标注
剖切后的投影图	1—1 剖面图	3—3 断面图	编号之间加一道横线
画法规定	被剖到的轮廓线用粗实线表示；断面上应画材料图例（常用材料图例见表3-10）。 未被剖到部分用中实线表示，虚线不画。		1. 当不必指出具体材料时，可用等距离45°方向平行细线表示 2. 断面很小时，也可涂黑表示

常用建筑材料图例 表 3-10

序号	名称	图例	说明
1	自然土壤		包括各种自然土壤
2	夯实土壤		
3	砂、灰土		靠近轮廓线点较密的点
4	砂砾石、碎砖三合土		
5	天然石材		包括岩层、砌体、铺地、贴面等材料
6	毛石		
7	普通砖		1. 包括砌体、砌块 2. 断面较窄、不易画出图例线时，可涂红
8	耐火砖		包括耐酸砖等
9	空心砖		包括各种多孔砖
10	饰面砖		包括铺地砖、马赛克、陶瓷锦砖、人造大理石等
11	混凝土		1. 本图例仅适用于能承重的混凝土及钢筋混凝土 2. 包括各种标号、骨料、添加剂的混凝土 3. 在剖面图上画出钢筋时，不画图例线 4. 断面较窄、不易画出图例线时，可涂黑
12	钢筋混凝土		
13	焦渣、矿渣		包括与水泥、石灰等混合而成的材料
14	多孔材料		包括水泥珍珠岩、沥青珍珠岩、泡沫混凝土、非承重加气混凝土、泡沫塑料、软土等
15	纤维材料		包括麻丝、玻璃棉、矿渣棉、木丝板、纤维板等
16	松散材料		包括木屑、石灰木屑、稻壳等

续表

序号	名称	图例	说明
17	木材		1. 上图为横断面，左上图为垫木、木砖、木龙骨 2. 下图为纵断面
18	胶合板		应注明×层胶合板
19	石膏板		
20	金属		1. 包括各种金属 2. 图形小时，可涂黑
21	网状材料		1. 包括金属、塑料等网状材料 2. 注明材料
22	液体		注明液体名称
23	玻璃		包括平板玻璃、磨砂玻璃、夹丝玻璃、钢化玻璃等
24	橡胶		
25	塑料		包括各种软、硬塑料及有机玻璃等
26	防水材料		构造层次多或比例较大时，采用上面图例
27	粉刷		本图例点以较稀的点

3.5.3 剖面图的种类

(1) 全剖面图

全剖面图是用一个剖面将形体完全剖开后得到的剖面图，它的应用比较广泛。

图3-56中1-1剖面图为一基础的全剖面图。

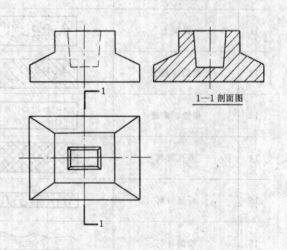

图 3-56

(2) 半剖面图

如果形体是对称的，而外形又比较复杂并需要表明时，常把投影图左边画成外形图，右边画成剖面图，中间用细点划线作为分界线，剖切符号不画。

图 3-57 (b) 为一基础的半剖面图。

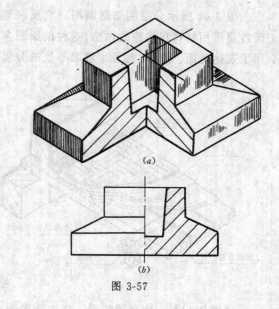

图 3-57

(3) 阶梯剖面图

如果用一个剖切平面无法将形体需表达的内部构造表达清楚时，可作两个互相平行的平面沿着形体需要表明的部分剖开，然后画出剖面图，这就是阶梯剖面图。这种转折以一次为限，其转折后由于剖切而使形体产生的轮廓线不应在剖面中画出，如图 3-58 所示。

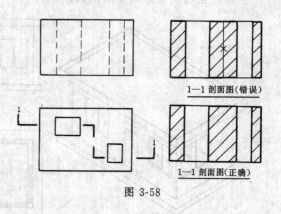

图 3-58

(4) 局部剖面图

当形体的外形比较复杂，完全剖切开来就无法表示它的外形时，可保留原投影图的大部分，而只将局部地方画成剖面图。如图 3-59 中将杯形基础水平投影的一小部分画成剖面图，表示基础内部的配筋情况，这就是局部剖面图。投影图与剖面图之间用徒手画的波浪线作为分界线。

基础的正面图已被剖面图代替，由于图中画出钢筋的配置情况，所以截面上不再画钢筋混凝土的图例符号。

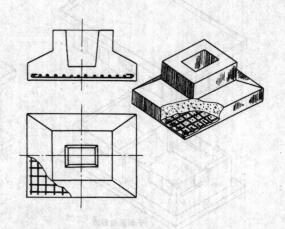

图 3-59

图 3-60 所示分层剖切剖面图，它反映地面各层所用材料和构造的做法。这种剖面图多用于表达地面、楼面、屋面、墙面等处的分层构造。分层剖切剖面图，应按层次以波浪线将各层分开，波浪线不应与任何图线重合。

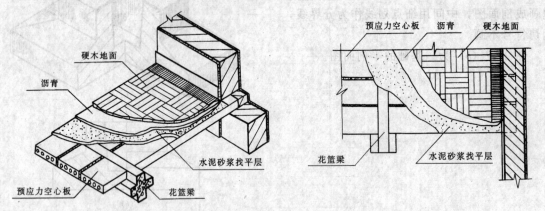

图 3-60

【例 3-11】 作房屋的平、立、剖面图。平面图是习惯位置剖切的剖面图，所以不需要画剖切符号。房屋的平、立、剖面图如图 3-61 所示。

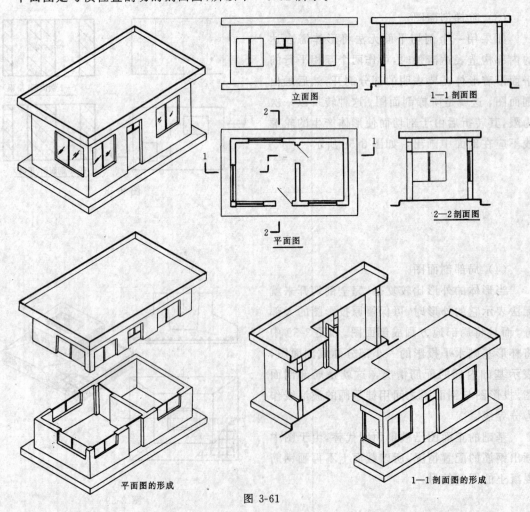

图 3-61

3.5.4 断面图的种类

断面图根据其位置不同,可分为移出断面图、中断断面图和重合断面图。

(1) 移出断面图

画在投影图以外的断面图称为移出断面图如图 3-62 所示。移出断面图应按顺序画出,并尽可能靠近投影图,移出断面图可用较大的比例绘制,以利于清楚地表示断面形状和尺寸。

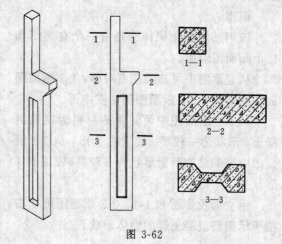

图 3-62

(2) 中断断面图

画在构件假想的断开处的断面图称为中断断面图,这种方法适用于表示较长而只有单一断面的构件。

投影图的断开处应用折断线表示,圆形构件要采用曲线折断方法,如图 3-63 所示。

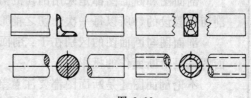

图 3-63

(3) 重合断面图

重合在投影图之内的断面图称作重合断面图,如图 3-64 所示。

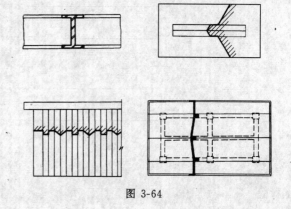

图 3-64

【例 3-12】 识读图 3-65 所示钢筋混凝土梁详图。

识读：

该钢筋混凝土梁详图是由一个立面图和二个断面图组成。

从立面图中可知梁左右对称，1-1 断面图剖切在端部，2-2 断面图剖切在中部。

从 1-1 断面图中可知梁的材料为钢筋混凝土，形状为一较矮、较宽的 T 形；从 2-2 断面图中可知梁的断面形状为一较高、较细的 T 形。

由立面投影图和 1-1、2-2 断面图可知右图所示钢筋混凝土梁的整体形状。

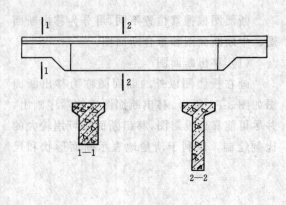

图 3-65

剖面图和断面图都是采用剖切的方法而得到的投影图。值得我们注意的是：剖切是假设的，所以每一次剖切之前形体的形状总是完整的。

剖面图与断面图的区别在于：剖面图是对剖切后剩余形体作的投影图，而断面图只是对断面作的投影图。

不论剖面图还是断面图都要注意剖切的位置，剖切后的投影方向。

剖面图的种类有四种：全剖面图、半剖面图、阶梯剖面图和局部剖面图。我们要搞清楚不同剖面图应用的范围，选择的原则和画法规定。

断面图的种类有三种：移出断面图、中断断面图和重合断面图，我们要能够看懂各种断面图。

练习题 6

1. 作 1—1 剖面图

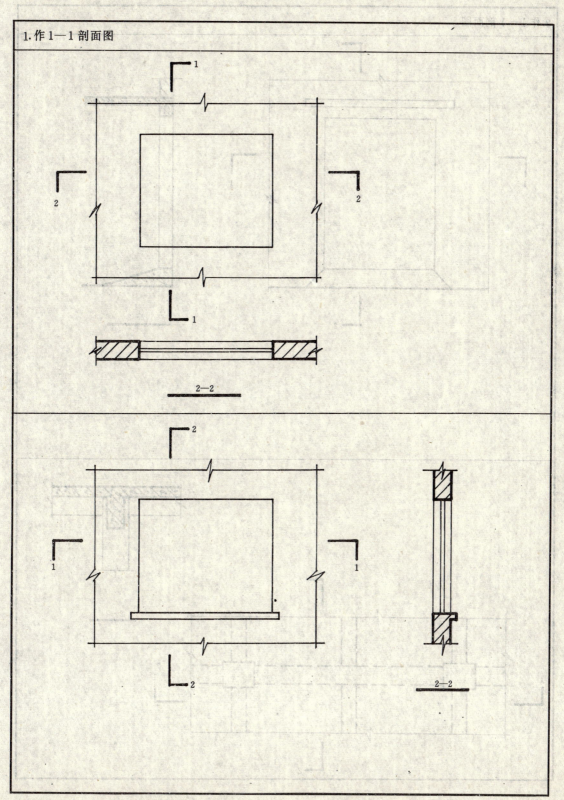

2.作1—1剖面图

3. 作 1—1 剖面图

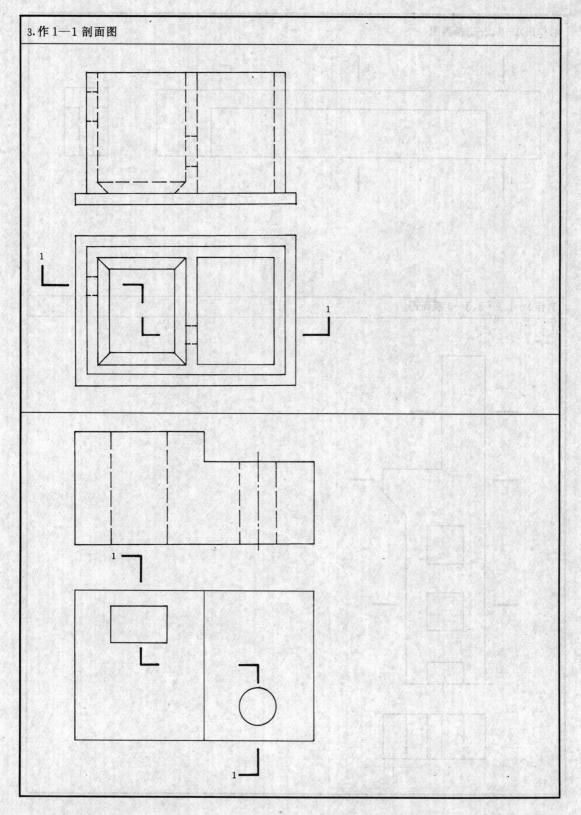

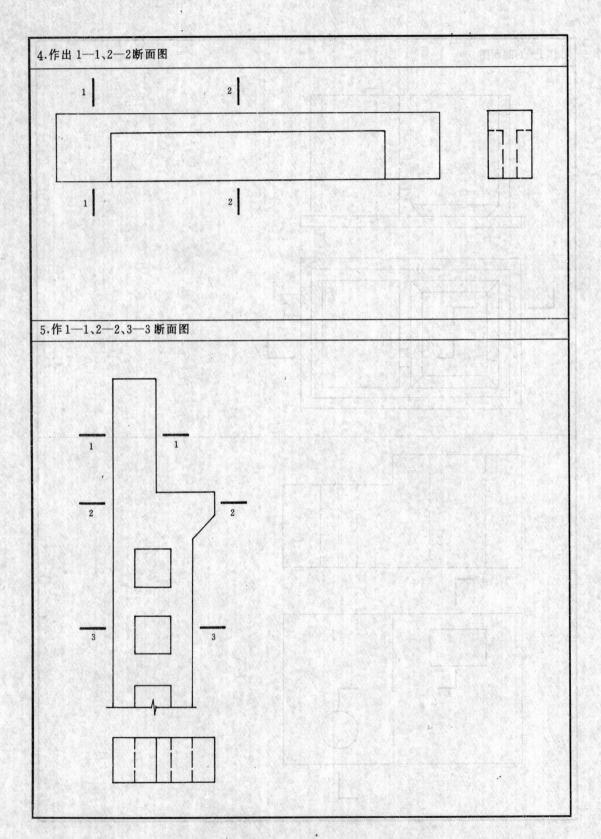

3.6 墙体放样图

砌墙用的砖块类形很多,最常用的是普通粘土砖即标准砖,其规格为240mm×115mm×53mm,其长:宽:高=4:2:1(包括灰缝10mm)。

墙体通常以厚度来命名,如12墙、24墙、37墙,或半砖墙、一砖墙、一砖半墙(该"砖"指砖的长度)。

根据砖在墙中的位置,砖可分为:

丁砖:砖宽沿墙面。

顺砖:砖长沿墙面,如图3-66所示。

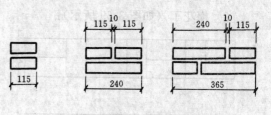

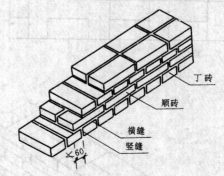

图3-66

3.6.1 12墙、24墙、37墙的组砌大样

(1) 12墙组砌大样

全顺式(如图3-67所示):

(2) 24墙组砌大样

1) 一顺一丁式(如图3-68所示)

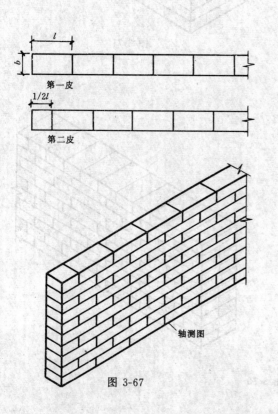

图3-67

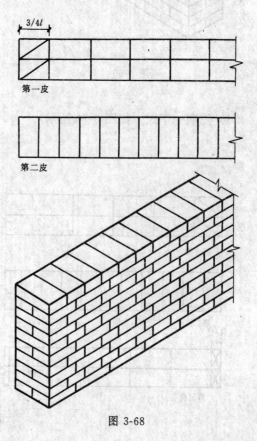

图3-68

77

2）梅花丁（如图 3-69 所示）：

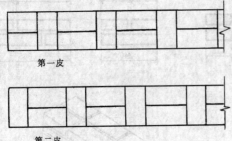

第一皮

第二皮

（3）37 墙组砌大样（如图 3-71 所示）

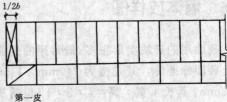

第一皮

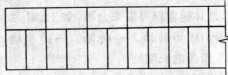

第二皮

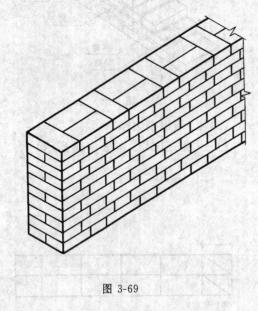

图 3-69

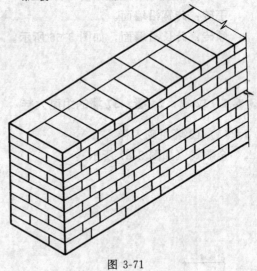

图 3-71

3）三顺一丁式（如图 3-70 所示）。

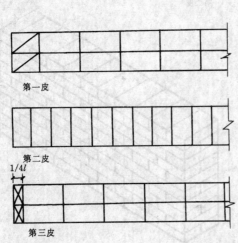

第一皮

第二皮

第三皮

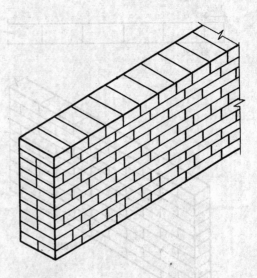

图 3-70

3.6.2 带砖垛墙体组砌轴测图

(1) 120mm×240mm 墙垛（如图3-72所示）　　(2) 120mm×370mm 墙垛（如图3-73所示）

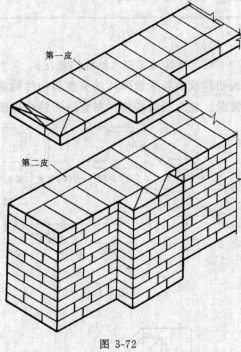

图 3-72

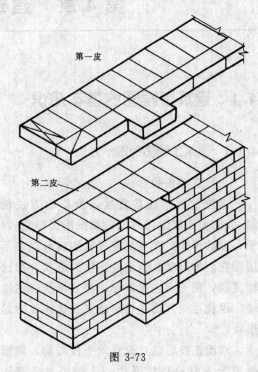

图 3-73

3.6.3 丁字墙组砌轴测图

(1) 24 墙丁字接头（如图 3-74 所示）　　(2) 37 墙丁字接头（如图 3-75 所示）

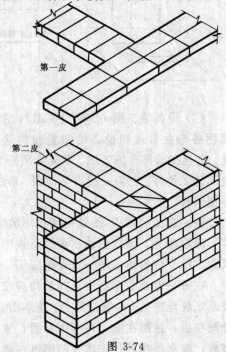

图 3-74

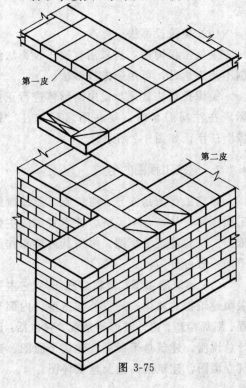

图 3-75

第 4 章　建筑施工图的阅读

4.1　建筑工程图的基本知识

4.1.1　建筑工程图的图示方法

（1）直接正投影法

房屋的图样应按直接正投影的方法绘制，我们前面已学习过的三面投影图即是。对于一般的形体，用三面正投影图就可以表示清楚它们的形状。但是建筑物的形状一般比较复杂，用三面正投影难以将其形状表达清楚，因此可用六面正投影法来表达建筑物的形状。

六面正投影法是设立六个投影面，将形体置于六面投影体系中，分别向六个面作正投影就可得到六面正投影图，如图 4-1 所示。

（2）镜像投影法

某些工程构造，当采用直接正投影法绘制不易表达时，可用镜像投影法。

镜像投影法就是对镜中的形体进行正投影。在注写图名时，要在图名后加注"镜像"二字，如图 4-2 所示。

4.1.2　建筑工程图的组成

建筑工程图是指导、组织施工及编制施工图预算，从事各项经济、技术管理的主要依据。一套建筑工程图，根据其内容和作用不同一般可分为：

（1）建筑施工图（简称建施图）：它主要表明建筑物的总体布局、外部造型、内部布置、细部构造、内外装修等情况。它包括：设计总说明、建筑总平面图、建筑平面图、建筑立面图、建筑剖面图及建筑详图。

（2）结构施工图（简称结施图）：它主要表明建筑物各承重构件的布置和构件构造等情况。它包括结构构件布置图和结构详图。

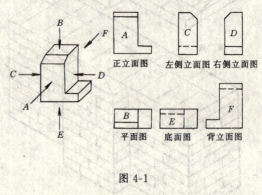

图 4-1

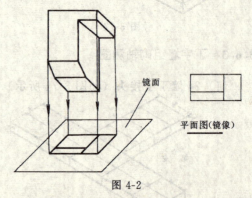

图 4-2

（3）设备施工图（简称设施图）：它主要表明各专业管道和设备的布置和构造等情况。它包括给排水施工图、采暖通风施工图、电气施工图等。它们一般由平面图、系统图、详图组成。

在一套工程图中，图纸是按次序编排的，其一般顺序为：图纸目录、设计总说明、建筑施工图、结构施工图、设备施工图。

在每一专业的图纸中，其编排应按主次关系系统地排列。一般原则为：基本图在前，详图在后；总图在前，局部图在后；重要图在前，次要图在后；先施工的图纸在前，后施工的图纸在后。

4.1.3 建筑工程图中的常用符号

（1）索引标志与详图符号

索引标志和详图符号是联系基本图纸和详图的特定标志。索引标志标注在基本图纸上，详图符号注写在详图下方，即详图的编号。

索引标志用直径为 10mm 的细实线圆中间加一水平直径来表示，分子为详图编号。

索引符号的画法有三种：

详图与被索引的图样在同一图纸上，分母用"—"表示，如图 4-3（a）所示。

详图与被索引的图样不在同一图纸上，分母为详图所在图纸的编号，如图 4-3（b）所示。

详图在标准图集上，分母为详图所在标准图集的页数，如图 4-3（c）所示。

所索引的详图是局部剖面（断面）图时，在引出线的一侧加画一剖切位置线，引出线所在的一侧为剖视方向，如图 4-4 所示。

详图符号用直径为 14mm 的粗实线圆表示。

当详图与被索引的图样在同一张图纸内时，只在圆内用阿拉伯数字注明详图的编号。如图 4-5（a）所示。

当详图与被索引的图样不在同一张图纸内时，可用细实线在圆中画一水平直径。分子为详图编号。分母为被索引图纸的编号。也可采取上图表示，不注被索引图纸的编号，如图 4-5（b）所示

（2）引出线

引出线是对图样上某些部位进行文字说明，或引出编号、符号和注写尺寸用的。

引出线应以细实线绘制，宜为水平线或与水平方向成 30°、45°、60°、90°的直线，也可用以折线，如图 4-6（a）所示。

引出索引标志的引出线应对准索引标志的圆心。

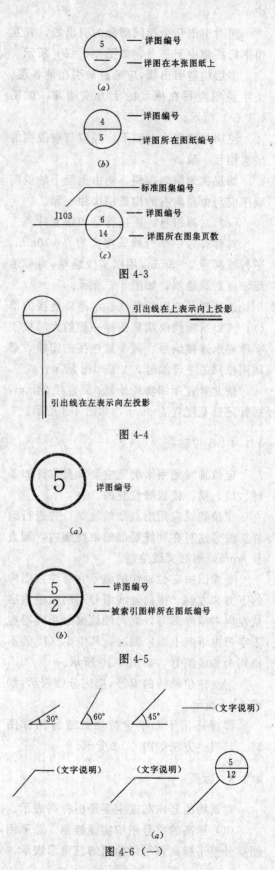

图 4-3

图 4-4

图 4-5

图 4-6（一）

同时引出几个相同部分的引出线,宜互相平行或集中于一点,如图 4-6(b)所示。

多层构造引出线,应通过被引出的各层。文字说明应写在横线的上方或端部,如图 4-6(c)所示。

说明的顺序由上而下,并应与被说明的层次相互一致。

如层次为横向排列,则由上至下的说明顺序应与由左向右的构造层次相一致。

(3) 对称符号、连接符号和指北针

对称符号中平行线长度宜为 6~10mm,平行线间距 2~3mm,用细实线绘制,对称轴用细点划线绘制,如图 4-7 所示。

连接符号应以折断线表示需要连接的部位,应以折断线两端靠图样一侧的大写拉丁字母表示连接编号。两个被连接的图样,必须用相同的字母编号,如图 4-8 所示。

指北针宜用细实线绘制,圆直径 24mm,指针尾部宽度宜为 3mm,如图 4-9 所示。

4.1.4 定位轴线

定位轴线是用来确定主要承重构件如基础、墙、梁、楼板等位置的。

定位轴线应用细点划线绘制,并进行编号。编号注写在轴线端部的轴线圈内,圆直径 8mm,用细实线绘制。

平面图中定位轴线的编号宜标注在图样的下方和左侧。横向轴线编号用阿拉伯数字从左向右顺序编写,纵向轴线编号用大写拉丁字母由下向上顺序编写,其中 I、O、Z 不得用为轴线编号,如图 4-10 所示。

附加定位轴线的编号,应用分数表示,如图 4-11 所示。

详图适用于几根定位轴线或通用详图时,其表达方法如图 4-12 所示。

4.1.5 标高

建筑物的竖向高度主要是由标高表示。

(1) 标高的符号用细实线绘制。总平面图室外整平标高符号用涂黑的三角形表示,

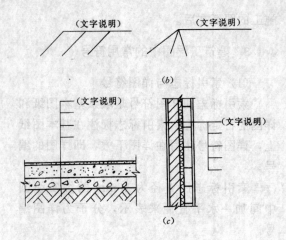

图 4-6(二)

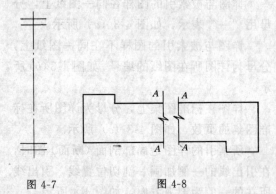

图 4-7　　　　图 4-8

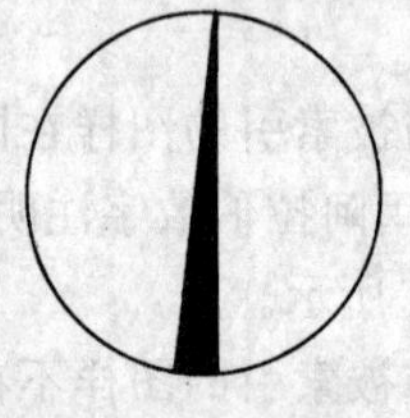

图 4-9

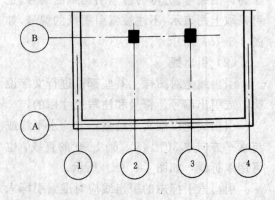

图 4-10

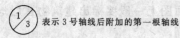 表示3号轴线后附加的第一根轴线

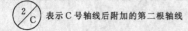 表示C号轴线后附加的第二根轴线

图 4-11

如图 4-13（a）、（b）所示。

（2）标高数字应沿水平线注写。标高数字的单位为m，一般注写到小数点后三位，在总平面图中可注写到小数点后二位。

零标高应写为"±0.000"，正数标高前不加"+"号，负数标高前要加"-"号。

（3）在图样的同一位置需表示几个不同标高时，标高数字可按图 4-13（c）所示标注。

（4）标高的大小是相对于基准面而言的，基准面不同，标高也就不一样。

按标高基准面的选定情况，标高可分为相对标高和绝对标高。

相对标高的基准面（即±0.000）是根据工程需要而各自选定的，一般取室内首层地面作为相对标高的基准面。

绝对标高基准面是青岛附近黄海平均海平面，由此引出的标高即为绝对标高。

（5）标高按其所标注的位置可分为建筑标高和结构标高。

建筑标高标注在建筑物的装饰面层处；结构标高标注在建筑物的结构构件的表面，如图 4-14 所示。

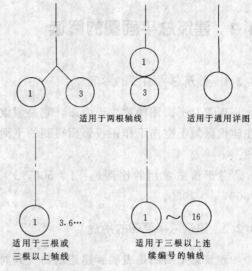

图 4-12

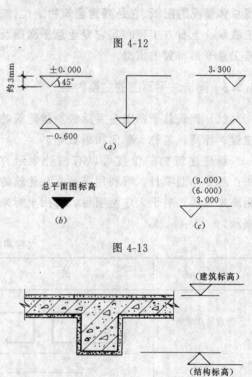

图 4-13

图 4-14

对于国家标准中制定的标高、定位轴线、索引标志及详图符号、对称符号等，我们应当搞清楚它们的含义、作用，以便在今后的识读图纸中能正确理解。

4.2 建筑总平面图的阅读

4.2.1 建筑总平面图的形成

建筑总平面图简称总平面图，它是假设在建设区域上空向下作正投影而得到的平面图。

总平面图常用的比例是：1：500，1：1000，1：2000。

4.2.2 建筑总平面图的用途

建筑总平面图是表明新建建筑物及其周围总体情况的图纸。它是新建建筑物定位、施工放线、土石方工程和其它专业总平面图及施工总平面布置的依据。

4.2.3 建筑总平面图的主要内容

（1）建筑总平面图主要反映新建建筑的位置、标高、名称、朝向和层数等。

新建建筑物的位置可以有两种表示方法：对于小型项目，可利用其到永久建筑的距离来表示；对于大中型项目，可用坐标来表示。

总平面图上一般要标出建筑物首层地面的绝对标高。

新建建筑物的朝向可根据图上的指北针来确定。

（2）总平面图中反映出原有建筑物的名称、层数及其与新建建筑物之间的关系。

（3）总平面图中可反映建筑物所在区域的地形，它的地形可用等高线表示。

（4）总平面图中还可以反映出道路、绿化的布置、拟建房屋、拆除房屋等。

4.2.4 读图注意事项

（1）在总平面图中，许多内容是通过图例表达出来的，因此在读图之前首先必须熟悉图例，对于不常见的图例可查阅有关资料，常见的总平面图图例见表 4-1。

（2）读图时要先了解比例。先看说明再看图样。

（3）注意新建建筑物、道路与规划红线之间的关系。

（4）注意周围环境对施工的影响及需要处理的问题。

（5）总平面图中尺寸单位为 m。

常用总平面图例　　　　　　表 4-1

名 称	图 例	说 明
新建的建筑物	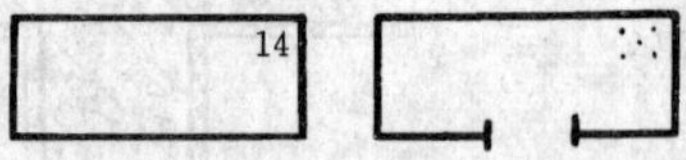	1. 粗实线绘制 2. 比例小时可不画入口 3. 小黑点和数字表示层数
原有的建筑物		1. 细实线绘制 2. 应注明拟利用者
计划扩建的预留地或建筑物		中虚线绘制
拆除的建筑物	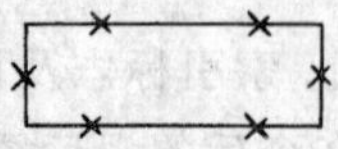	细实线绘制
新建的地下建筑物或构筑物		粗虚线绘制

续表

名 称	图 例	说 明
散状材料露天堆场	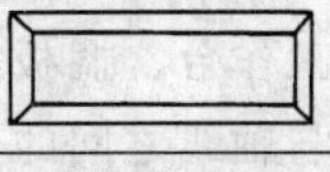	需要时可注明材料名称
铺砌场地	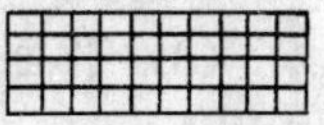	
围墙和大门	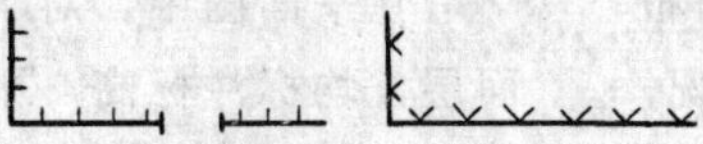	1. 左图为砖石，混凝土或金属材料的围墙 2. 右图为镀锌铁丝网，篱笆等围墙 3. 左图表示有大门的围墙
挡土墙		被挡土在"突出"的一侧
坐标	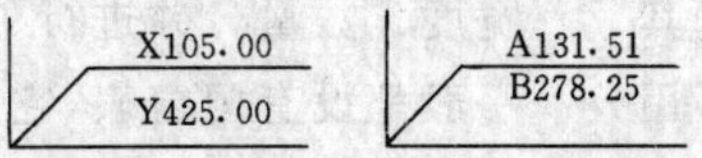 X105.00 / Y425.00　A131.51 / B278.25	左图表示测量坐标 右图表示施工坐标
方格网交叉点标高	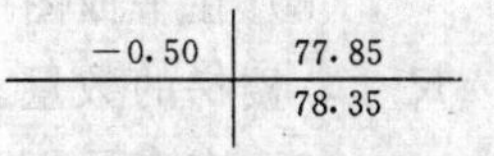 -0.50 | 77.85 / 78.35	"78、35"为原地面标高 "77、85"为设计标高 "-0.50"为施工高度 "-"表示挖方（"+"表示填方）
边坡		边坡较长时可在一端或两端局部表示
新建的道路	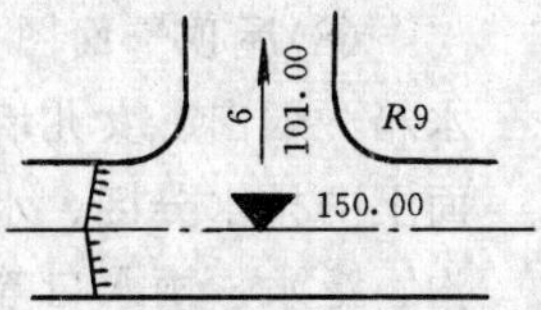 6 101.00 R9 / 150.00	1. "R9"表示道路转弯半径为9m "150.00"表示为路面中心标高 "6"表示6%为纵向坡度 "101.00"表示变坡点间距离 2. 图中斜线为道路断面示意，根据实际需要绘制
原有的道路		
计划扩建的道路	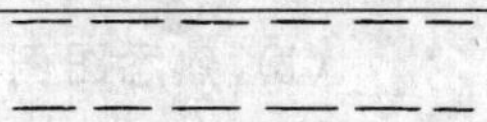	

4.3 建筑平面图的阅读

4.3.1 建筑平面图的形成

建筑平面图包括屋顶平面图和各层建筑平面图两种，简称平面图。

屋顶平面图是在房屋的上方作水平正投影得到的投影图。

在每一层略高于窗台的位置用假设的水平面将房屋切开，移去上部分，向下作水平投影而得到的图形就是各层平面图。

对于多层房屋来说，如果每层的平面布置各不相同，就要画出每一层平面图，如底层（首层）平面图、各中间层平面图、顶层平面图。如果平面布置完全相同的楼层可用一个平面图来表示，这就是标准层平面图。

平面图常用比例是：1:100，1:200。

4.3.2 建筑平面图的用途

建筑平面图是主要用来表明建筑物的平面形状、大小和内部布置等情况的图纸。它可以作为施工放线、砌墙、门窗安装和室内装修及编制预算的重要依据。

4.3.3 建筑平面图的主要内容

(1) 建筑平面图主要反映建筑物的平面形状、定位轴线和室内各房间的布置及名称、入口、走道、门窗、楼梯等的平面位置、数量以及墙或柱的平面形状和材料等情况;在底层平面图中能反映房屋的朝向(用指北针表示)、室外台阶、明沟、散水、花坛等的布置;在二层平面图中能反映入口雨篷的情况。

在平面图中,粗实线表示被剖到的墙身、柱的结构轮廓线及附属在墙身上的烟道、垃圾道的轮廓线,平面图中装修层一般不画。其它部分的轮廓线可用实线表示,图例线可用细实线表示。

(2) 平面图中还要标注出各部分的尺寸。

平面图中的尺寸标注有外部尺寸和内部尺寸两种。一般平面图中的尺寸(详图除外)均为未装修表面的尺寸。如门窗洞口尺寸等。

1) 外部尺寸:一般标注在平面图的下方和左方,分三道标注。

最外面一道是外包尺寸,表示房屋的总长和总宽。

中间一道是轴线间尺寸,表示房屋的开间和进深。

最里面一道是洞口尺寸,表示门窗洞口、窗间墙、墙厚等细部尺寸。

平面图中还注写室外附属设施,如室外台阶、花坛、散水、阳台、雨篷等尺寸。

2) 内部尺寸:一般标注室内门窗洞、墙厚、柱、砖垛和固定设备(如厕所、盥洗室、工作台、搁板等)的大小、位置以及墙、柱与轴线之间的尺寸等。

(3) 平面图中必须标注各层楼、地面的标高。

在平面图中,对于建筑物各组成部分的面层,均标注标高。平面图中的箭头表示水流的方向即坡度,并标出坡度的大小。

(4) 平面图中反映了门窗的位置、洞口宽度、数量,并进行了编号。每一套图纸中一般都设有门窗表,它反映了门窗的尺寸、数量和所选的标准图集。

(5) 在平面图中还反映了楼梯的布置和尺寸,楼梯的数量。

(6) 在底层平面图中还画出建筑剖面图的剖切符号。

(7) 平面图还可反映出房间内固定设施的布置情况。

(8) 屋顶平面图主要反映屋面上的天窗、水箱、烟囱、女儿墙、变形缝等的位置和屋面上的排水分区、水流方向、坡度大小、檐沟、泛水、雨水口等情况。

4.3.4 读图注意事项

(1) 熟悉图例,见表 4-2。

常见建筑平面图图例 表 4-2

名 称	图 例	名 称	图 例
楼梯	底层平面 / 中间层平面 / 顶层平面	检查孔	(可见) (不可见)
		坑 槽	
		孔 洞	
		墙预留洞	宽×高 或 φ

名　称	图　例	名　称	图　例
墙预留槽	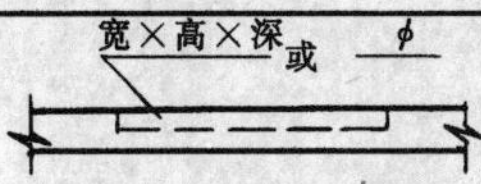	双扇内外开双层门	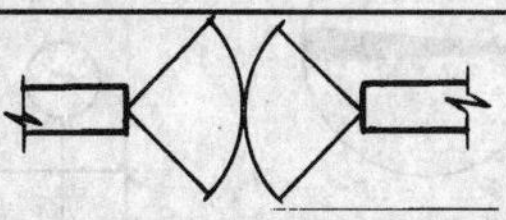
烟道		对开折叠门	
通风道		墙外单扇推拉门	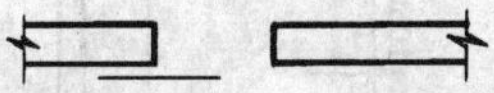
无窗台的窗		墙内双扇推拉门	
空门洞	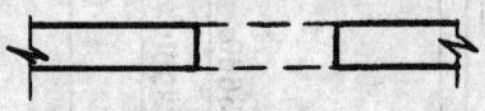	电梯	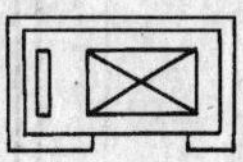
单扇门	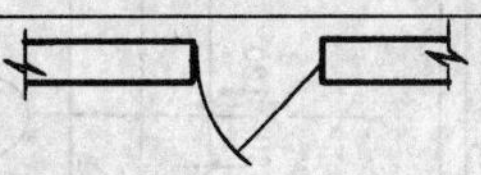	洗脸盆	
双扇门	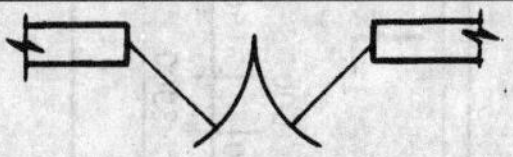	污水池	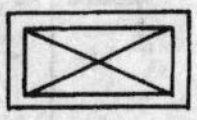
单扇双面弹簧门	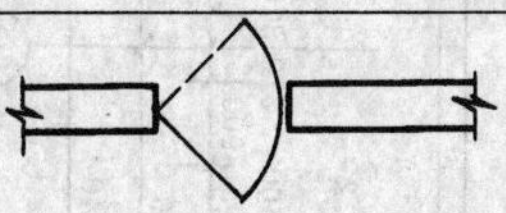	坐式大便器	
双扇双面弹簧门	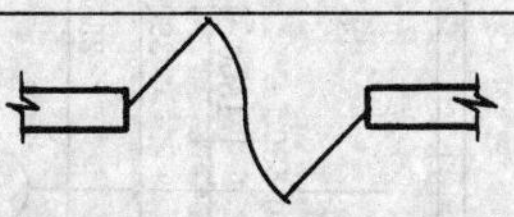	浴盆	
单扇内外开双层门	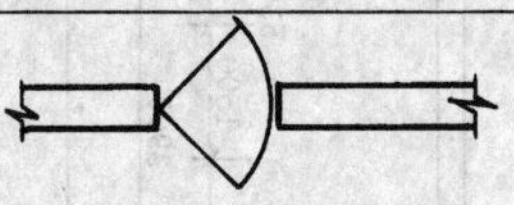	淋浴喷头	

(2) 先看图名、比例。

(3) 注意定位轴线与墙柱的关系。

(4) 核实各道尺寸，门垛尺寸若不标，一般为120mm。

(5) 注意楼梯与大门的关系。

(6) 核实图中门窗与门窗表中的门窗的尺寸、数量，并注意所选标准图集。

(7) 搞清楚各部分的高低情况。

阅读一层平面图：如图4-15。

(1) 比例为1:100

(2) 底层平面形状基本上为长方形，南北朝向，左边四间办公室、右边为卫生间，两者之间为楼梯间，南边有一走廊。

定位轴线：横向①～⑦，纵向Ⓐ～Ⓑ，墙体承重，墙转角处均设抗震柱。

(3) 房屋总长23.54m，总宽6.84m。所有房间开间均为3.90m，进深除楼梯间加长0.6m外其余均为6.24m。

(4) 窗的编号有C1、C2、C4，门的编号有M-1、M-2，核对门窗表上宽度尺寸无误并可知窗为铝合金窗，门为木门，注意门窗位置。

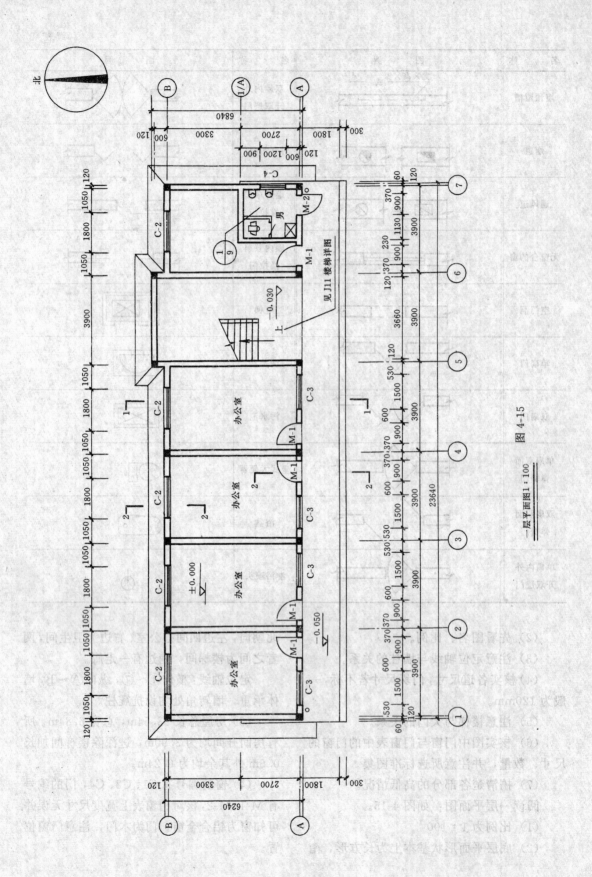

图 4-15 一层平面图 1:100

(5) 办公室地面标高±0.000，走廊标高—0.050，楼梯间—0.030，卫生间—0.050。

(6) 楼梯间及卫生间另有详图。

(7) 底层平面图还标有1-1剖面图和2-2墙身剖面图的剖切符号。

读屋顶平面图（如图4-16所示）：

(1) 核实轴线，尺寸是否与楼层平面图正确无误。

(2) 楼梯间上方有一上人孔，其位置如图中尺寸标注

(3) 屋面为单坡排水，由屋面排向檐沟，坡度为2%。

檐沟向东西两侧排水，坡度为0.5%，东、西两端设有雨水管。

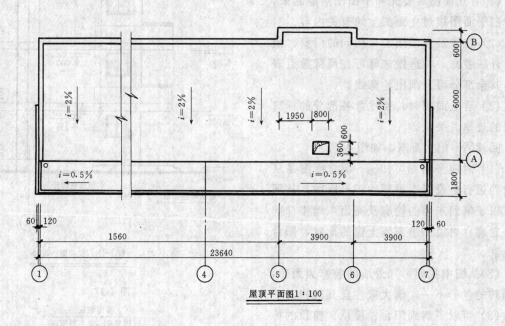

图 4-16

4.4 建筑立面图的阅读

4.4.1 建筑立面图的形成

对建筑物各个立面所作的正投影图，称为建筑立面图，简称立面图。

建筑物可以按立面左、右轴线的编号来命名，如⑨～①立面图，Ⓐ～Ⓑ立面图；也可以按房屋的朝向来命名，如东立面图、南立面图等。

4.4.2 建筑立面图的用途

建筑立面图主要用来表明房屋的外貌、立面各个部位的形状和位置以及外墙装饰的做法。它是施工的重要依据。

4.4.3 建筑立面图的主要内容

(1) 建筑立面图可反映建筑物的外貌。

在立面图上，房屋各个部分是用不同粗细的实线来表示的。立面图中地坪线用特粗线表示；房屋的外轮廓线用粗实线表示；房屋构配件如窗台、窗套、阳台、雨篷、遮阳板的轮廓线用中实线表示；门窗扇、勒脚、雨水管、栏杆、墙面分隔线等可用细实线表示。

(2) 建筑立面图上一般可用文字说明各个部分的装饰做法。

(3) 建筑立面图不标注水平方向的尺寸、只画出最左、最右两端的轴线。

建筑立面图一般可标出室外地坪、出入口地面、勒脚、窗台、门窗顶及檐口等处的标高。

立面图上若标注尺寸,一般小尺寸在里,总尺寸在外。如标三道尺寸时,最靠近墙的第一道尺寸是门窗洞口等各细部尺寸;中间一道为楼层间的尺寸,即层高;最外一道为建筑物的总高。

4.4.4 读图注意事项

(1)看立面图时要先和平面图对应起来,并对照平面图核对立面图上的有关内容。

(2)在建筑立面图上,相同的门窗、阳台、外檐装修,构造做法等可在局部重点表示,其余部分可只画出轮廓线。

(3)看立面图时,要注意各部分的标高之间的规律、关系。

阅读Ⓐ～Ⓑ立面图,如图4-17。

(1)对应平面图可知Ⓐ～Ⓑ立面图是从东向西进行正投影而得到的正投影图,从图中可以了解到东墙的轮廓及突出东墙楼梯间的外轮廓;可以知道东墙上窗的形状,阳台的轮廓。

(2)从图中我们可知外墙的装修为面砖,但面砖的色彩不一,请大家注意其规律。

(3)可以了解到阳台、屋顶、窗顶的标高。

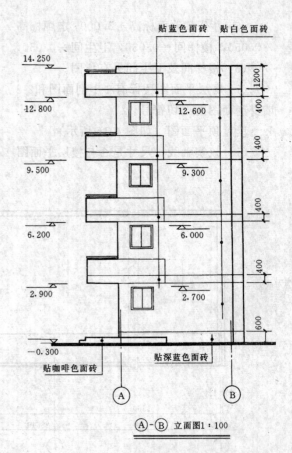

图 4-17

4.5 建筑剖面图的阅读

4.5.1 建筑剖面图的形成

建筑剖面图简称剖面图,是沿建筑物竖向用假想平面将其剖切而得到的投影图。

建筑剖面图可采用全剖面图,也可采用阶梯剖面图。

建筑剖面图可分横剖面图和纵剖面图两种:

横剖面图:沿房屋宽度方向垂直剖切所得到的剖面图,如图4-18所示。

纵剖面图:沿房屋长度方向垂直剖切所得到的剖面图。

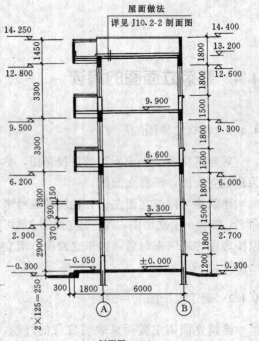

图 4-18

4.5.2 建筑剖面图的用途

建筑剖面图主要表现建筑物的结构形式、分层形状、材料做法、高度尺寸等情况，它是施工的重要依据。

由于基础一般放在结构施工图中介绍，因此，剖面图中不画基础，墙或柱下用折断线断开。

4.5.3 建筑剖面图的主要内容

(1) 剖面图可反映被剖切的部分，如墙体、地面、楼面、屋面结构形式、形状、位置和材料做法，这些部分的结构轮廓线可用粗实线表示。楼地面的面层线一般可用细线绘出，可不画墙体的抹灰层。

(2) 剖面图可以反映出未被剖到但投影过程中可以看到的部分，如墙体的凹凸部分、门窗、踢脚线、台阶、壁柜等的位置、形状。这些部分的轮廓线可用中实线绘制。

(3) 建筑剖面图应标注各部分的标高。剖面图中楼地面、阳台、平台、台阶的标高可直接标在图中，门窗洞口等标高可标在图外。

(4) 建筑剖面图中沿水平方向只标注轴线间尺寸，沿高度方向可标注门窗洞口尺寸，层间尺寸、总尺寸。建筑剖面图还应标注局部构造如台阶、阳台、雨篷等处的尺寸。

4.5.4 读图注意事项

(1) 找到底层平面图，搞清楚剖面图的剖切位置和投影方向，并对照看图。

(2) 与立面图对应起来，核对高度方向的尺寸、标高。

阅读 1-1 剖面图 (如图 4-18 所示):

(1) 首先从底层平面图了解到 1-1 剖面图是沿建筑物横向（④～⑤轴线之间）剖切，剖切后向西投影得到的剖面图。

(2) 在剖面图上我们可知办公室的地面、楼面、屋面走廊、檐沟、Ⓐ～Ⓑ轴线墙均被剖切到。

(3) 核对楼地面等处的标高。

核对 C2、C3 的窗高均为 1800，与门窗表核对无误。

4.6 建筑施工详图的阅读

由于平、立、剖面图要反映建筑物的形状、总体布局，因此所用比例较小，这样建筑物的许多细部构造做法就无法在平、立、剖面图中表达清楚。

为了满足施工需要，我们把建筑物的细部用比较大的比例绘制出来，这样的图样就称详图，也称大样图。

详图不但可将建筑物各细部的形状绘制出来，而且还能将各细部的材料做法、尺寸大小标注清楚。

4.6.1 楼梯详图

楼梯是建筑物中构造比较复杂的部分，通常单独画出其建筑详图。有一些构造和装饰都比较简单的楼梯，其建筑与结构详图可合并绘制。

(1) 楼梯平面图 (如图 4-19 所示)

建筑平面图是在每层窗台以上的部位进行水平剖切的，这样在楼梯部位就剖切在该层向上走的第一个楼梯段中部，这时楼梯段在平面图上只有一部分梯段。按照剖面图中的规定，这时楼梯段的轮廓线应与踏步平行，并用粗线绘制。但是如果这样表示，在图中不易识读，实际在平面图上用 45°方向的折断线作为楼梯段剖切位置的标志。在顶层平面图中没有上行的梯段，所以在顶层平面图中不画 45°折断线。

在楼梯平面图中一般画出楼梯间的墙身的轮廓线、轴线、尺寸；并画出楼梯段、踏步、平台，并标注其尺寸；标出底层地面、楼面、平台等处的标高。

在楼梯平面图中以楼层平台为起点，标注梯段上、下行的方向和步数。

楼梯平面图中楼梯步数的标注方法为"踏面个数×踏面宽＝楼梯段水平投影长

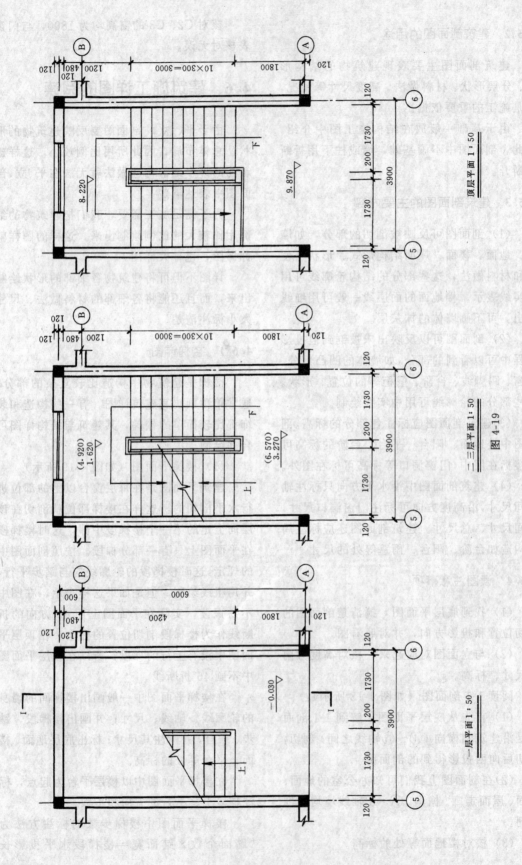

图 4-19

度"。

在楼梯底层平面图中画出楼梯剖面图剖切符号。

(2) 楼梯剖面图（如图4-20所示）

从楼梯底层平面图可知楼梯剖面图的剖切位置。

在剖面图中，一部分梯段是剖切到的，它们的轮廓线用粗线表示；未被剖切的楼梯段轮廓可用中实线表示，如果被栏板挡住，可用细虚线表示。

在楼梯剖面图中还表示出楼梯平台，并标出其标高。

栏杆、扶手可画出局部，以作示意之用。

在楼梯剖面图中标注了轴线间尺寸、楼梯段尺寸和被剖到的楼梯间门窗洞口的尺寸。

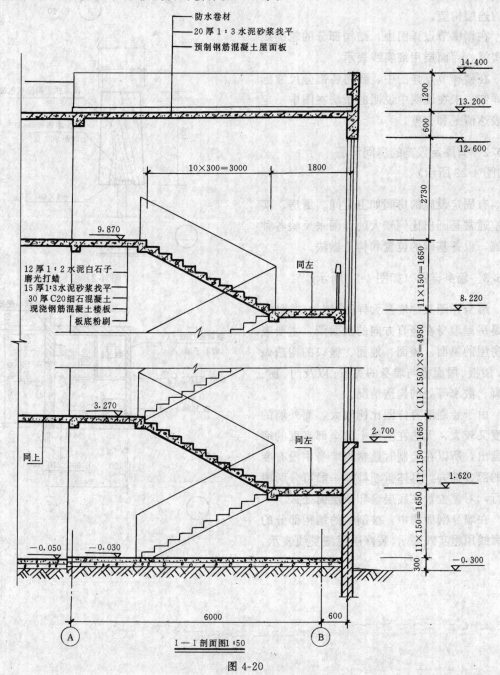

图 4-20

楼梯剖面图中，楼梯步数的标注方法为"踢面个数×踢面高度＝总高"。

注意同一段楼梯的踏面个数要比楼梯的踢面个数少一个。

（3）楼梯节点详图（如图4-21所示）

楼梯节点详图主要表明踏步的断面形状、材料、面层做法；栏杆（栏板）、扶手的形式、大小、材料；栏杆（栏板）与扶手、踏步的连接构造。

在楼梯节点详图中，结构部分的轮廓线用实线，而面层用细实线表示。

在楼梯节点详图中，要将各部分尺寸标注详细，未在说明中说明的做法在图中一定要表达清楚和完整。

4.6.2 有固定设施的房间详图
（如图4-22所示）

有固定设施的房间如卫生间、厨房、实验室通常是画出比例较大的详图来反映各种设施，设备基础的位置和构造做法。

4.6.3 墙身详图（如图4-23所示）

墙身详图又称墙身大样图、墙身剖面图。它是房屋墙身在竖直方向的剖面图，主要表示房屋的屋面、楼面、地面、檐口的构造做法；楼板、屋面板与墙身的关系；以及门、窗、勒脚、散水等处的构造情况。

由于绘制墙身详图比例较大，而外墙的高度又较大，无法在图纸上将全部高度的墙体画出，所以在绘制时通常将墙身中没有变化的部分抽去。具体折断处理一般可分两段进行，习惯位置在底层窗和顶层窗处。

在墙身剖面图中，被剖到的结构部分的轮廓线用粗实线表示，装修层用细实线表示。

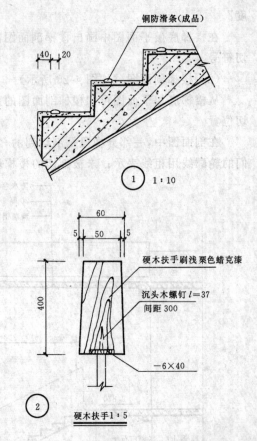

图 4-21

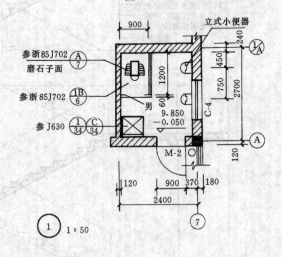

图 4-22

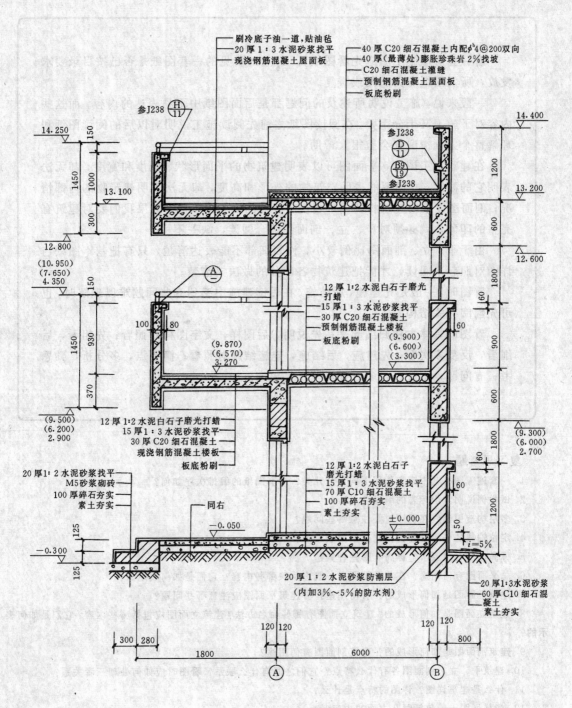

图 4-23

看一套房屋施工图应先看图纸目录，查对所见的一套图纸是否已按目录要求发放，所发图纸有无遗漏或重复。

一般来说，施工说明所述及的问题都是后面图纸中不易表达的内容，而这些内容对于施工又十分重要。在阅读图纸之前先阅读施工说明对以后的阅读图纸和理解整个工程情况都会有很大帮助。

在建筑施工图中，平面图可以表明建筑物的平面形状、长度和宽度，却无法表明它的高度；立面图能表明建筑物的外形和高度，却无法表明建筑物的内部情况；剖面图能表明建筑物的内部情况。各种图纸分工不同。如果我们要对建筑有完整的印象，就必须对平、立、剖面图综合阅读，缺一不可。

由于平、立、剖面图比例较小，许多细部不能表达清楚。只有把基本图纸与详图对照起来阅读，才能把建筑物各部分的做法搞清楚。

看图时，一般是先建施，后结施。在阅读建施中感到有些问题难以理解时，也可先翻阅有关结构图。

看图的具体方法归纳起来：先说明，后图样，文字图样对照看；先粗看，后细看，反复多次看；先建施，后结施，建施结施对照看；摘要点，多分析，勤思考；有问题，不放过，多方查对，反复核实。

复习思考题

1. 一套施工图按其内容和作用不同可分几类？一套图纸的编排次序如何？
2. 试举例说明索引标志的编号含义。
3. 多层构造引出线在识读时要注意哪些问题？
4. 定位轴线的作用是什么？它是如何表示的？
5. 标高标注有何要求？标高有哪些种类？
6. 总平面图有何用途？在总平面图上一般应反映哪些内容？它们是如何表示的？
7. 建筑平面图是如何形成的？有何用途？看建筑平面图应注意哪些问题？
8. 建筑立面图是如何形成的？建筑立面图有哪些命名方法？建筑立面图应包括哪些内容？它们是如何表示的？
9. 建筑剖面图是如何形成的？建筑剖面图有何用途？
10. 建筑平、立、剖面图各有什么特点？它们之间有什么联系？看图时应如何处理三者关系？
11. 什么是建筑详图？详图的特点是什么？
12. 楼梯详图一般包括哪几方面的内容？
13. 阅读书中墙身剖面详图，说明书中墙身剖面详图表达了哪些部分的构造内容？

第 5 章 结构施工图的阅读

建筑施工图表达了房屋的外观形式、平面布置、建筑构造和内、外装修等内容，对于房屋的结构部分没有详细表达，如梁、板等构件仅有轮廓示意。因此，在房屋设计中，除了进行建筑设计，画出建筑施工图外，还要进行结构设计，画出结构施工图。

结构设计是根据各工种（建筑、给水排水、电气等）对结构的要求，经过结构选型、结构布置，并通过结构计算，确定房屋各承重构件（如基础、承重墙、柱、梁、板、屋架等）的材料、形状、尺寸、内部构造及相互关系。结构设计的结果绘制成的图样就叫做结构施工图。

结构施工图是施工放线、挖基坑、支模板、绑扎钢筋、设置预埋件、浇捣混凝土、安装梁板等预制构件、编制预算和施工组织计划的重要依据。

结构施工图通常由结构设计说明、基础平面图及基础详图、楼层（屋顶）结构平面图及节点详图、结构构件（如梁、板、柱、楼梯等）详图组成。

5.1 基础结构施工图的阅读

基础结构施工图主要是表示建筑物在相对标高±0.00以下基础结构的图纸。它一般包括基础平面图、基础剖（截）面详图和文字说明三个部分。它是施工时放灰线、开挖基坑、砌筑基础的依据。

5.1.1 基础平面图

（1）基础平面图的形成

基础平面图是用一假想的水平剖切面在地面与基础之间将整幢房屋剖开，移去剖切面以上的房屋和基础回填土，向下作正投影而得到的水平投影图。

为了使基础平面图简洁明了，一般在图中只画出±0.00处被剖切到的墙、柱轮廓线，用粗实线表示，投影所见到的基础底部轮廓线用细实线表示，基础梁用粗点划线表示，而对其他的细部如砖砌大放脚的轮廓线均省略不画。由于基础平面图常采用1:100的比例绘制，被剖切到的基础墙身可不画材

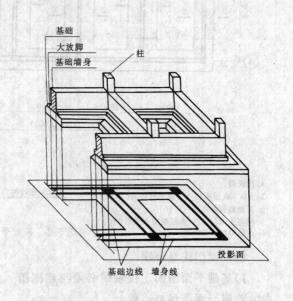

图 5-1 基础平面图的形成

料图例。钢筋混凝土柱涂成黑色，如图 5-1 所示。

（2）基础平面图的识读

1）了解图名和比例。比例是否与建施图的平面图一致。

2）了解基础与定位轴线的平面位置和相互关系，以及轴线间的尺寸。

3)了解基础中的垫层、基础墙、柱、基础梁等的平面布置、形状、尺寸、型号等各种情况。

4)了解基础剖面详图的剖切位置的情况。在基础平面图中,凡基础的宽度、墙厚、大放脚的形式、基础底面标高及尺寸等做法有不同时,常分别采用不同的剖面详图和剖面编号予以表明。

5)看清设计和施工说明,了解基础的用料、施工注意事项、基础的埋置深度等情况。

如图 5-2 所示,这幅 1:100 的基础平面结构布置图的轴线网与建施图的平面图一致。基础分布在各道轴线上,为条形基础。用粗实线表示的基础墙厚均为 240mm,轴线通过基础墙身的中间。用细实线表示的基础底面的宽度分别为 1000mm,1300mm,1600mm。在每个墙角处均设有构造柱,断面尺寸为 240mm×240mm,由于基础底面的宽度不一致,因此有 1-1,1a-1a,2-2,3-3 四个断面,其中 1-1,1a-1a 为内墙断面,2-2,3-3 为外墙断面。从结构说明可以了解到混凝土采用 C20,垫层混凝土采用 C10。基础底面的标高为 -1.100。

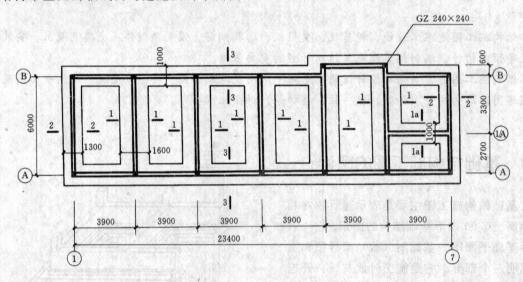

结构说明:
1. ±0.000 标高相当于绝对标高为6.900m;
2. 基础底面标高为 -1.100;
3. 混凝土采用 C20,垫层混凝土采用 C10;
4. 抗震等级为四级。

基础平面结构布置图 1:100

图 5-2 基础平面结构布置图

(3)读图注意事项

1)基础平面图的定位轴线必须与建施图中的首层平面图保持一致。

2)识读基础平面图时必须与其它有关图纸相配合,特别是首层平面图和楼梯详图,因为基础平面图中某些尺寸、朝向和构造情况已经在这些图中表明。

3)弄清基础底面标高有无变化,如果基础底面标高不一样时,基础往往做成阶梯踏步状,在基础平面图中用细虚线画出,有的还用局部剖面示意图表示,如图5-3所示。

4)为安装上、下水管或暖气管等各种管线,基础墙上要预留孔洞。在基础平面图上,用细虚线表示孔洞的位置,并注明尺寸大小及洞底标高,或编号后列表说明,如图 5-3 所示。

5.1.2 基础详图

在基础平面图中仅表示了基础的平面布置,而基础的形状、大小、构造、材料及埋置深度等均没有表示,所以需要画出基础详图,作为砌筑基础的依据。

基础详图是用较大的比例（如1∶20）画出的基础局部构造图。对于条形基础一般用垂直剖（截）面图表示。对于工业厂房承重柱的独立基础，除了用垂直剖（截）面图表示外，通常还用平面详图表明有关平面尺寸等情况。图5-4是钢筋混凝土独立基础的结构详图。从上面的剖面详图可以看出基础的杯口形状、尺寸及配筋情况，纵横双向都配置两端带弯钩的φ10@200钢筋，基础底部设100mm厚的素混凝土垫层，基础底部标高为－2.100。从下面的平面图可以看出独立基础的外形尺寸为2000mm×2500mm及细部尺寸。在右上角还采用局部剖面的方式表示出基础的网状配筋。

基础详图的识读

1)根据基础平面图中的详图剖视编号或基础代号查阅基础详图。

2)了解基础剖（截）面的各部分尺寸、标高，如基础墙的厚度、大放脚的细部与垫层的尺寸、基础与轴线的位置关系、基础垫层底面到室外地坪的基础埋置深度，室内外地面与基础底面的标高等。

3)了解砖基础墙防潮层的设置及位置材料要求。

4)了解基础梁的尺寸及配筋情况。

5)了解基础结构的构造，如钢筋混凝土结构内的配筋，其它构件与基础相连的节点配筋、插筋、钢箍或预埋件等情况。

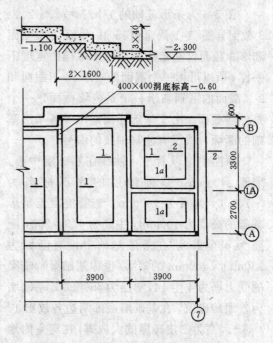

图5-3 基础平面结构布置图（局部）

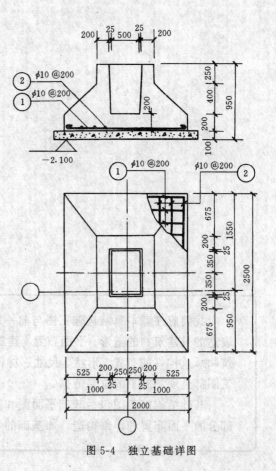

图5-4 独立基础详图

图5-5为条形基础的1-1、1a-1a、2-2、3-3截面详图。1-1截面和1a-1a截面,2-2截面和3-3截面仅基础垫层与条形基础的宽度不一样,所以可用一个截面图表示。1-1截面和2-2截面的区别在于一个是内墙截面,一个是外墙截面。由于基础详图适用于各条形基础的断面,故没有注写轴线的编号。

从图中可以看出,轴线在基础墙中心,墙厚240mm。基础垫层的底部标高为 -1.100,厚度为100mm。钢筋混凝土条形基础的高度为400mm,主筋为$\phi 10@200$,配筋为$\phi 8@250$。在条形基础中设有断面为250mm×400mm的暗梁(也称基础梁),暗梁的受力筋为4$\underline{\Phi}$14,箍筋为$\phi 6@200$。基础墙为普通砖砌筑,在基础墙底部两边各放出1/4砖长,高为二皮砖厚的大放脚,在离室内地坪50mm处设20厚1:2水泥防水砂浆的防潮层。

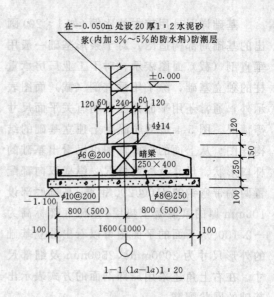

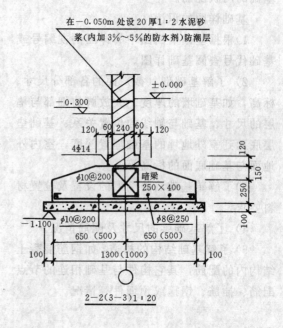

图5-5 基础详图

我们应注意本章结构施工图与前一章建筑施工图的区别在于:建筑施工图所表达的是建筑物的造型、平面布置、建筑构造与装修。结构施工图则表达的是建筑物承重构件的布置、形状、尺寸、材料、构造及其连接。结构施工图和建筑施工图都是现场施工的重要依据。

基础结构施工图包括基础平面图和基础详图,表示建筑物室内地面以下基础部分的平面布置和详细构造,如基础的形式、构造、材料、埋置深度等。

5.2 预制钢筋混凝土构件楼层结构图的阅读

预制装配式钢筋混凝土楼层是由许多预制构件组成的，这些构件预先在预制厂成批生产，然后在施工现场安装就位。

预制装配式楼层结构图主要是表示建筑物楼层结构的预制梁、板等构件的位置、数量及连接方法的图纸。它一般包括结构平面图、剖（截）面节点详图两部分，有的还有构件统计表和文字说明部分。

5.2.1 楼层结构平面图

（1）楼层结构平面图的形成

楼层结构平面图是用一假想的水平剖切面在所要表明的结构层面上部剖开，向下作正投影而得到的水平投影图。在楼层结构平面图中，被剖到的墙、柱等轮廓用粗实线表示，被楼板挡住的墙、柱轮廓用中虚线表示。用细实线表示预制楼板的平面布置情况。

楼层结构平面图可以作为施工时安装梁、板等的依据。

（2）楼层结构平面图的识读

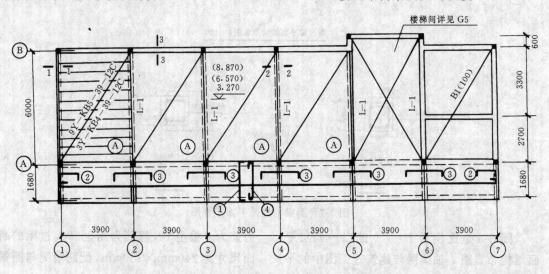

二～四层平面布置图 1:100

图 5-6 楼层结构平面图

1）了解图名和比例。
2）了解定位轴线的布置和轴线间的尺寸。
3）了解结构层中楼板的平面布置和组合情况，在楼层平面图中，板的布置通常是用对角线（细实线）来表示其位置的、板的代号、编号的标注举例说明如下：

4）了解各节点详图的剖切位置
5）了解梁的平面布置、编号和截面尺寸等情况。为了使图形清晰，圈梁和过梁可另外用平面布置图表示，如图5-7所示。梁的标注方法举例如下：

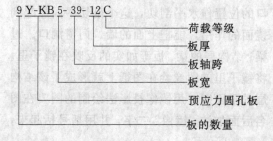

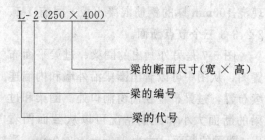

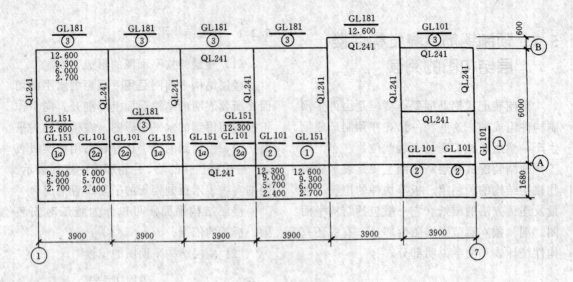

圈过梁平面结构布置图 1：100

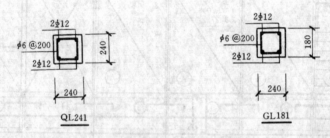

图 5-7 圈梁、过梁平面布置图

图 5-6 是比例为 1：100 的二～四层平面结构布置图，轴线网与建筑施工图中的平面图相一致。从图中可以看出①～⑤轴间的四个房间楼板的布置是一致的，为 12 块预应力钢筋混凝土预制楼板，其中②～⑤轴间的三个房间与①～②轴间的房间结构完全相同，因此，只写出相同的单元编号Ⓐ和用细实线画出的一条对角线。从图中还可以看出，预制楼板的两端搭在横墙上，为横墙承重方式。⑤～⑥轴间为楼梯间，⑥～⑦轴是厕所，为现浇 100mm 厚的钢筋混凝土板。另有 1-1、2-2、3-3 三个节点断面。

图 5-7 是另外画出的圈梁、过梁平面布置图，从图中可以看出圈梁沿外墙和内墙连续布置，过梁布置在门窗洞口处。圈梁和过梁的断面大小和配筋情况可以从截面图看出：圈梁的断面尺寸为 240mm×240mm，受力筋为 4 根ᵾ12，箍筋为 6ϕ@200。过梁的断面尺寸为 240mm×180mm，配筋情况与圈梁相同。

（3）读图注意事项

1）定位轴线确定了梁、板等构件和墙的位置，必须与建筑平面图的定位轴线相一致。

2）用正投影法绘制的楼层结构平面图中会出现许多虚线，给识图带来不便。为了避免图中出现过多的虚线，常采用镜像投影法来绘制楼层结构平面图。即用一假想的水平面在靠近所要表明的结构层的下部如门窗洞口的位置作水平剖切，这个剖切平面能起到镜面的作用，能把上面的墙、门窗洞口、过梁、结构层的梁、板等如实的反映在镜子里。将镜子里的图像绘在图纸上就形成了该结构层的平面图。用镜像投影法绘制的图要在图名后面加注"镜像"二字，并用括号括起来，以区别正投影图,如图5-8所示。

3)如果各层楼面结构布置情况相同,则可只画出一个楼层结构平面图,但要注明合用各层的层数及各楼层的标高。如图5-6为二、三、四层楼层平面布置图,楼层的标高分别为3.270、6.570和9.870。

4)楼层结构平面图中的楼梯部分,由于比例较小、图形不能清楚表达楼梯结构的平面布置,故需另外画出楼梯结构详图,在这里只需用细实线画出两条对角线,并注明"楼梯间"。如图5-6⑤-⑥轴间为楼梯间,详图另画在结施5(G5)上。

5)屋顶结构平面图与楼层结构平面图基本相同。由于屋面排水的需要,屋面承重构件可根据需要按一定的坡度布置,并设置天沟板(或挑檐板),因此,在屋顶结构平面图中要表明天沟板的范围。另外,平屋顶的楼梯间要满铺屋面板。还要注意屋顶上人孔、烟道等处有预留孔洞。图5-9为屋顶平面布置图(局部)。从图中可以看出,⑤-⑥轴间满铺了14块预制楼板,并有600mm×800mm的预留孔洞,具体尺寸可在"建施9"中查阅。

6)预制钢筋混凝土楼板的编号全国各地不统一,识图时要注意结合阅读本地区的《预制钢筋混凝土楼板标准图集》。

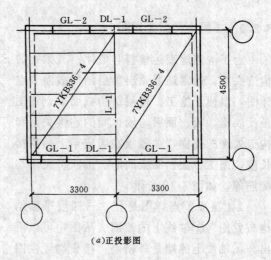

(a)正投影图

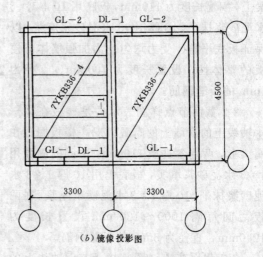

(b)镜像投影图

图5-8 楼层结构平面图的画法

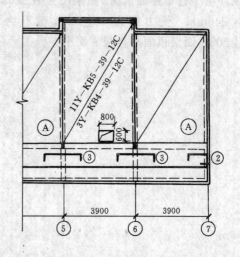

图5-9 屋顶平面结构布置图(局部)

5.2.2 楼层结构截面详图

为了清楚地表达楼板与墙体（或梁）的构造关系，通常还要画出楼层结构截面节点详图，以便于施工。楼层结构截面节点详图是反映梁、板、圈梁与墙体间的连接关系和构造处理的图样，如楼板在墙或梁上的搭接长度、施工方法、圈梁的断面形状、大小与配筋等，如图5-10所示。

1-1截面节点详图是"二~四层平面结构布置图"①轴线上的截面。从图中可以看出，①轴线上的墙是外横墙，楼板搁置在圈梁上，搁置长度为110mm，板底用10厚1∶3水泥砂浆抹平，10厚1∶3水泥砂浆座浆，以保证板底平整、受力均匀。为加强墙体与楼板的整体性，设置长度为700mm、直径为6mm的板缝钢筋。

2-2截面节点详图表示的是楼板在②~④轴线上的横墙上的布置情况。楼板搁置在圈梁上，两端各进墙110mm，中间的缝隙用1∶3水泥砂浆填实，板底仍用10厚1∶3水泥砂浆抹平，10厚1∶3水泥砂浆座浆。在两板之间每隔1000~1200mm设置长度为1240mm、直径为6mm的板缝钢筋。

3-3截面节点详图是楼板与⑧轴线上的纵外墙平行布置的情况。圈梁尺寸为240mm×240mm，受力筋为4Φ12，箍筋为φ6@200。圈梁顶面与楼板底面平齐。

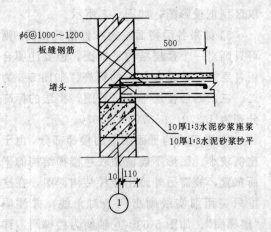

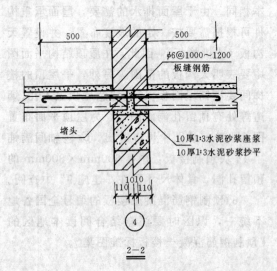

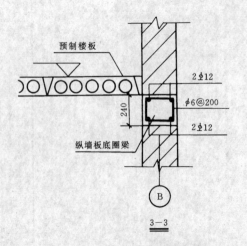

图5-10 楼层结构截面节点详图

> 我们应注意楼层结构图是表达楼层和屋顶结构构件平面布置和关系的情况。如楼板、屋面板、过梁、圈梁等的布置、种类和代号,楼板与承重墙的搭接,楼板与圈梁、过梁的关系等。在楼层结构平面图中预制梁、板的布置是很重要的内容,但全国各地的表示方法不尽相同(包括预制钢筋混凝土楼板的编号等),因此了解本地区的楼层结构平面图的图示方法显得特别重要。

5.3 现浇钢筋混凝土楼层结构图的阅读

5.3.1 现浇钢筋混凝土楼层平面图

现浇钢筋混凝土楼层与预制钢筋混凝土楼层相比,整体刚度好,适应性强。但由于受模板用量较多,现场浇灌工作量大、施工周期长、造价高等因素的制约,一般在中小型民用建筑中只用在预留管道孔洞较多的厨房和厕所等处。

现浇钢筋混凝土楼层平面图是施工时支模板、绑扎钢筋、浇捣混凝土的依据。

(1)现浇钢筋混凝土楼层平面图的识读

1)根据轴线网了解现浇钢筋混凝土楼层的具体位置。

2)了解承重墙的布置和尺寸。

3)了解梁的布置和编号。

4)了解现浇板的厚度、标高及支承在墙上的长度,梁的高度及支承在墙上的长度。

5)了解钢筋的布置情况。

板内不同类型的钢筋都用编号来表示,并在图中或文字说明中注明钢筋的编号、规格、间距和定位尺寸等。

6)了解剖(截)面的剖切符号位置。

从图5-11中可以看出,通过图中标注的轴线与建筑平面图对照,该图是⑥~⑦轴间的男女卫生间。板支承在⑥~⑦轴的墙(梁)上,Ⓐ~Ⓑ轴墙上。板的配筋从图中和文字说明中可以看出,板底的纵、横向布筋均为$\phi 8@200$,编号为⑤和⑥,板的四周沿墙配置编号为②和⑦的构造筋$\phi 8@200$,长度分别为600mm和1000mm。在板跨墙处增设编号为⑧的构造筋$\phi 8@200$,长度为1840mm。在图中还画出现浇板与圈梁的重合断面图(断面涂黑表示),并标明了板的标高。板中还有两根$\Phi 14$的钢筋。从建筑平面图可知,此处为男女卫生间的隔墙,这两根钢筋是用于上部砌墙。从文字说明中还可以知道,板的厚度是100mm,C20的混凝土浇注。

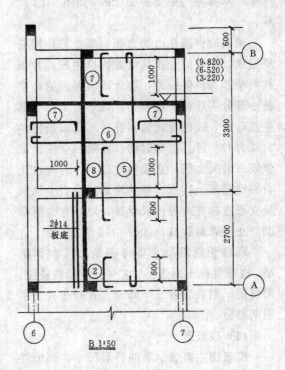

说明:
1. 未注明钢筋均采用$\phi 8@200$;
2. 厕所间板厚为100,走廊板厚为100;
3. 现浇板均采用C20。

图5-11 现浇钢筋混凝土楼层平面图

（2）识读注意事项

1）现浇钢筋混凝土楼层结构图与相应的建筑平面图、墙身详图等关系密切，应配合阅读。

2）在平面图中各类钢筋往往仅画出一根示意。钢筋的弯钩向上、向左表示下层钢筋；钢筋弯钩向下、向右表示上层钢筋，如图5-12所示。

3）有时分布筋在平面图中不予画出，故在识读时不能疏忽而造成施工中的遗漏。

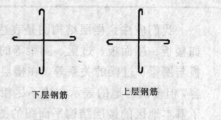

图5-12 双层钢筋的表示方法

5.3.2 现浇钢筋混凝土梁详图

梁是主要受弯构件。建筑物中常用的梁有楼板梁、雨篷梁、楼梯梁、圈梁、过梁等。梁在荷载作用下弯曲变形情况和支承方式有关。有搁置在墙上受荷载后向下弯曲的简支梁，有一端固定的悬臂梁，有多跨的连续梁等。悬臂梁的弯曲方向和简支梁相反，而连续梁的弯曲方向是交替变化的，如图5-13所示。

梁内的钢筋是由受力筋、架立筋和箍筋所组成。在梁的受拉区配置抗拉主筋，为抵抗梁端部的斜向拉力，防止出现斜裂缝，常将一部分主筋在端部弯起，如不适于将下部主筋弯起，或已弯起的钢筋还不足以抵抗斜向拉力时，可另加弯起筋。在梁的受压区配置较细的架立筋，它起构造作用，有时也让它协助混凝土抗压。箍筋将梁的受力主筋和架立筋连接在一起构成骨架，同时它也能帮助防止出现斜裂缝，如图5-14所示。

现浇钢筋混凝土梁详图是加工制作钢筋、浇灌混凝土的依据。它一般包括模板图、配筋图、钢筋表等三个部分。有时还有文字说明部分。

（1）模板图

模板图主要表示梁的外形尺寸，预埋件的位置、数量，有关标高，与定位轴线的关系，是模板制作和安装的依据。对于外形简单的梁，一般不必单独绘制模板图，只需在配筋图中把梁的尺寸标注清楚即可。

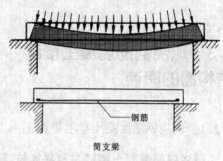
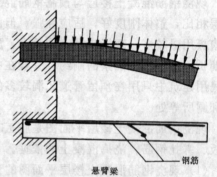
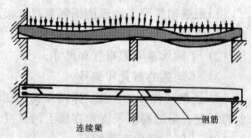

图5-13 钢筋混凝土梁受力示意图

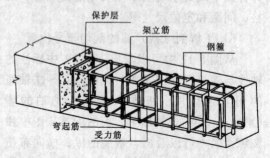

图5-14 钢筋混凝土梁配筋示意图

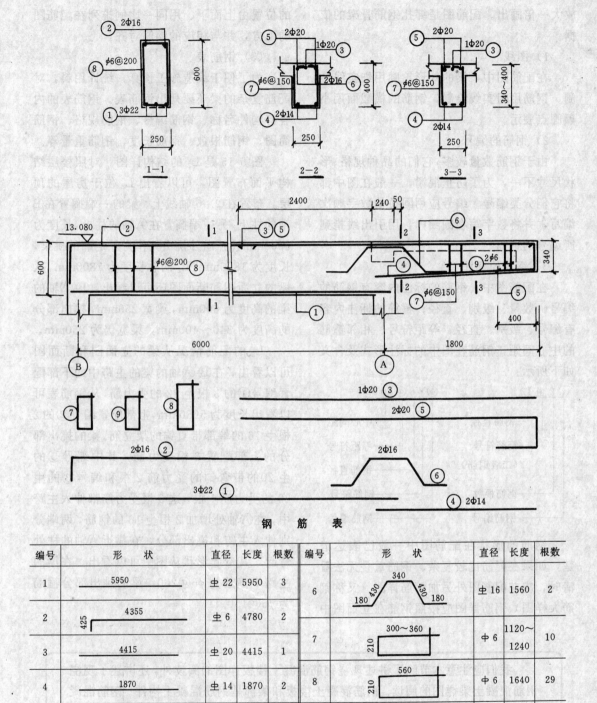

图 5-15 L₂ 结构详图

(2) 配筋图

配筋图主要用来表示梁内部钢筋的形状、规格、数量、长度及布置等情况。配筋图一般由立面图和断面图组成，断面图一般放大一倍画出。配筋图是绑扎钢筋骨架的依据。

1) 图线

在配筋图中，梁的外形轮廓用细实线绘制，钢筋用粗实线绘制，钢筋的横截面用小黑圆点表示。

2) 钢筋的编号

由于钢筋数量较多，它们的品种规格、形状尺寸不一，为了防止混淆，一般在图中都将它们分类编号。编号应用阿拉伯数字顺次编写，并将数字写在圆圈内，用引出线指到所编号的钢筋。

3) 钢筋的标注

在配筋图中，钢筋的标注内容有钢筋的编号、数量、级别、直径；箍筋的标注内容有编号、级别、直径、等距符号、相邻箍筋的中心间距，钢筋在图中的标注形式及含义如下所示：

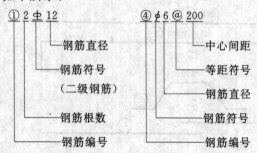

钢筋的形状在配筋图中一般已表达清楚，如果在配筋比较复杂、钢筋重叠无法看清时，应在配筋图外另加钢筋详图（又称钢筋大样图）、钢筋详图应按照钢筋在立面图中的位置由上而下、用同一比例排列在配筋图的下方，并与相应的钢筋对齐。

(3) 钢筋表

为了便于编造施工预算，统计用料，对配筋复杂的梁还要列出钢筋表。钢筋表的内容有构件名称、钢筋编号、钢筋规格、钢筋简图、钢筋根数、钢筋长度、钢筋重量等。

图 5-15 是 L_2 的结构详图。对照楼层结构平面布置图，可以看出 L_2 位于房屋的顶层，布置在②-⑥轴线上。梁的一端搁置在Ⓑ轴的柱上，另一端搁置在Ⓐ轴的柱上，长度为 6000mm，并向外挑出，作为外走廊的挑梁，长度为 1800mm，L_2 的总长度为 7800mm，从梁的立面图和断面图还可以看出，Ⓑ-Ⓐ轴的梁的高度为 600mm，梁宽 250mm，挑出部分的高度为 340～400mm，梁宽仍为 250mm。

L_2 的配筋情况从梁的立面图和断面图可以看出，在Ⓑ-Ⓐ轴的梁的主跨中下部配置编号①的 3 根⊈22 的受力筋，从钢筋表可以看出长度为 5950mm，上部配置编号②的 2 根⊈16 的端部带直钩的架立筋。梁的挑出部分的上部配置 3 根受力筋，其中编号⑤的⊈20 的带弯钩的受力筋 2 根和编号③的⊈20 的受力筋 1 根。这 3 根受力筋都伸入主跨中，在Ⓐ轴处增加 2 根⊈16 的钢筋，两端分别伸入主跨和挑出部分，在靠近Ⓐ轴的柱处弯起，其弯起形状从图中可以看出。在梁的主跨中箍筋为 φ6@200，梁的挑出部分箍筋为 φ6@150。

我们应注意本节除了讲述现浇钢筋混凝土楼板详图的阅读外，还讲述了现浇钢筋混凝土梁详图的阅读。钢筋混凝土楼板和梁都是钢筋混凝土构件。钢筋混凝土构件是建筑结构中最常用的构件。因此钢筋混凝土构件详图在结构施工图中占有很重要的地位。

钢筋混凝土构件详图通常是用模板图表示构件的形状，用配筋图表示内部的配筋情况。配筋图通常用一个立面图加上若干个断面图及钢筋详图来表示。识读配筋图了解构件中钢筋的形状、规格、编号、数量、长度和布置等情况就成了识读钢筋混凝土构件详图的关键。

复习思考题

1. 什么叫结构施工图？它包括哪些内容？
2. 基础结构施工图包括哪些内容？它有何用途？
3. 基础平面图是如何形成的？它的图示有何特点？它包括哪些内容？
4. 独立基础的基础详图有何特点？
5. 楼层结构平面图和截面详图各表示哪些内容？它们的用途是什么？
6. 楼层结构平面图有哪两种表示方法？它们各有什么特点？
7. 屋顶结构平面图和楼层结构平面图有哪些共同之处？有哪些不同之处？
8. 预制钢筋混凝土楼板的编号有哪些主要内容？了解你所在地区的预制钢筋混凝土楼板的编号的具体内容。
9. 钢筋混凝土构件详图由哪几部分组成？它们各包括哪些内容？
10. 简述本书后附图 G_3 中 L_1 的配筋情况。
11. 钢筋表都有哪些内容？试编制 L_1 的钢筋表。

第6章 建筑模板图

近年来，随着高层建筑在全国各地的迅猛发展，现浇钢筋混凝土结构工程的比重日渐增加，模板工程量也随之增加。而模板工程约占钢筋混凝土总造价25%，劳动量35%，工期50%，所以模板工程对于加快施工速度、保证施工质量，降低工程成本有重要意义。

为了保证模板工程施工的顺利进行，施工前应进行模板配板设计和支撑方案设计，并绘制出模板施工图。所以，识读和绘制模板施工图成为每位结构施工人员和工程技术人员不可缺少的基本技能。

6.1 建筑模板的种类与规格简介

6.1.1 木模板

木模板是钢筋混凝土结构施工中较早采用的一种模板。70年代以来，虽然模板材料已广泛采用钢材和其它材料，但是在一些地区和结构特殊部位，仍然沿用着木模板，图6-1为杯形独立基础模板直观图。

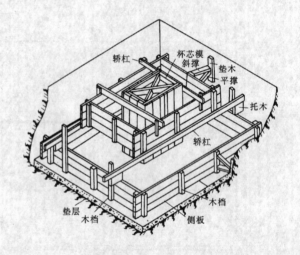

图6-1 杯形独立基础模板

为了增加模板的使用次数，木模板宜采用红松、白松、杉木加工制成，因为它重量轻，不易变形，能够保证混凝土表面的光洁度。

木模板及木支撑名称对应如图6-2所示。

木模板及木支撑常用规格如下：

拼板条：厚度25～50mm，宽度≤200mm。

拼　条：断面25mm×35mm～50mm×50mm。

楞　木：断面50mm×100mm，间距400～50mm。

杠　木：断面70mm×150mm，间距不大于1200mm。

托　木：断面70mm×150mm。

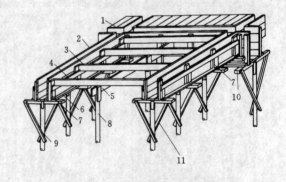

图6-2 有梁楼板模板
1—楼板模板；2—梁侧模板；3—楞木；4—托木；
5—杠木；6—夹木；7—短撑木；8—立柱；
9—顶撑；10—帽木；11—斜撑

夹　木：断面 100mm×50mm。
短撑木：断面 50mm×70mm，间距不大于 500mm。
立　柱：断面 100mm×100mm，间距不大于 1500mm。
顶　撑：断面 100mm×100mm，间距不大于 1200mm。
帽　木：断面 100mm×100mm。
斜　撑：断面 50mm×75mm。
水平撑：断面 50mm×100mm，高度方向不少于两道。
剪刀撑：断面 50mm×100mm。

6.1.2 组合钢模板

组合钢模板是一种工具式定型模板，由钢模板和配件组成，配件包括连接件和支承件。

(1) 钢模板

钢模板包括平面模板、阴角模板、阳角模板、连接角模，如图 6-3 所示。

钢模板采用模数制设计，宽度模数以 50mm 进级，长度模数以 150mm 进级，可以适应横竖拼装，拼接成以 50mm 进级的任何尺寸的模板。如拼装时出现不足模数的空缺，则用镶嵌木条补缺。钢模板的规格见表 6-1。

(2) 连接件

定型组合钢模板的连接体包括：U 形卡、L 形插销、钩头螺栓、紧固螺栓和扣件等，如图 6-4 所示。

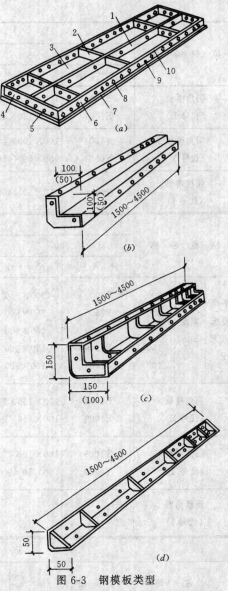

图 6-3　钢模板类型
(a)平面模板；(b)阳角模板；(c)阴角模板；(d)连接角模
1—中纵肋；2—中横肋；3—面板；4—横肋；5—插销孔；
6—纵肋；7—凸棱；8—凸鼓；9—U 形卡孔；10—钉子孔

钢模板规格编码表　　　　表 6-1

模板名称		模　板　长　度　(mm)					
		450		600		750	
		代号	尺寸	代号	尺寸	代号	尺寸
平面模板(代号P)	宽度(mm) 300	P3004	300×450	P3006	300×600	P3007	300×750
	250	P2504	250×450	P2506	250×600	P2507	250×750
	200	P2004	200×450	P2006	200×600	P2007	200×750
	150	P1504	150×450	P1506	150×600	P1507	150×750
	100	P1004	100×450	P1006	100×600	P1007	100×750

续表

模板名称	模板长度 (mm)					
	450		600		750	
	代号	尺寸	代号	尺寸	代号	尺寸
阴角模板 (代号 E)	E1504 E1004	150×150×450 100×150×450	E1506 E1006	150×150×600 100×150×600	E1507 E1007	150×150×750 100×150×750
阳角模板 (代号 Y)	Y1004 Y0504	100×100×450 50×50×450	Y1006 Y0506	100×100×600 50×50×600	Y1007 Y0507	100×100×750 50×50×750
连接角模 (代号 J)	J0004	50×50×450	J0006	50×50×600	J0007	50×50×750

模板名称		模板长度 (mm)					
		900		1200		1500	
		代号	尺寸	代号	尺寸	代号	尺寸
平面模板 (代号 P)	宽度 (mm) 300 250 200 150 100	P3009 P2509 P2009 P1509 P1009	300×900 250×900 200×900 150×900 100×900	P3012 P2512 P2012 P1512 P1012	300×1200 250×1200 200×1200 150×1200 100×1200	P3015 P2515 P2015 P1515 P1015	300×1500 250×1500 200×1500 150×1500 100×1500
阴角模板 (代号 E)		E1509 E1009	150×150×900 100×150×900	E1512 E1012	150×150×1200 100×150×1200	E1515 E1015	150×150×1500 100×150×1500
阳角模板 (代号 Y)		Y1009 Y0509	100×100×900 50×50×900	Y1012 Y0512	100×100×1200 50×50×1200	Y1015 Y0515	100×100×1500 50×50×1500
连接角模 (代号 J)		J0009	50×50×900	J0012	50×50×1200	J0015	50×50×1500

嵌补模板规格

名称		图示	用途	宽度 (mm)	长度 (mm)
嵌补模板	平面嵌板	与平面模板和转角模板相同	用于梁、柱、板、墙等结构接头部位	200、150、100	300、200、150
	阴角嵌板			150×150、100×150	
	阳角嵌板			100×100、50×50	

6.1.3 钢框胶合板模板和钢框竹胶板模板

(1) 钢框胶合板模板

钢框胶合板模板是由钢框和防水胶合板组成的。防水胶合板平铺在钢框上，用沉头螺栓与钢框固定。钢框胶合板模板依据组合单元的大小和轻重，可分为轻型和重型两种，其主要差别在边框截面上。

轻型钢框胶合板模板的边框为实腹异形材截面。截面高度有 55、63、65、70、75 和 80mm 等几种。其标准系列产品规格有：长度为 600、900、1200、1500、1800mm，宽度为 200、300、450、600、900mm 等。

重型钢框胶合板模板的边框为箱形空心

截面。截面高度一般为100～140mm。其标准系列产品规格有：长度600～2400mm，以300mm进级，宽度为300、450、600、900、1350mm等。

(2) 钢框竹胶板模板

钢框竹胶板模板是由钢框和竹胶板组成的，面板是用竹片（或竹帘）涂胶粘剂，纵横向铺设，组坯后热压成型。钢框竹胶板模板的宽度有300、600mm两种，长度有900、1200、1500、1800、2400mm等。

6.1.4 模板支撑简介

模板支撑是保证模板面板的形状和位置，并承受模板、钢筋、新浇筑混凝土自重以及施工荷载的临时性结构。

定型组合钢模板的支撑件包括柱箍、钢楞、梁卡具、支架、斜撑、钢桁架等。

1) 柱箍 用于直接支承和夹紧各类柱模的支撑体。有扁钢、角钢、槽钢、钢管等多种形式，可根据柱模尺寸和侧压力的大小来选择。常用柱箍和力学性能见表6-2。

2) 钢楞 又称檩条、龙骨。主要用于支承模板和加强其整体刚度。其材料有钢管、矩形钢管、内卷边槽钢和槽钢等多种形式，按设计要求和供应条件选用。钢楞规格尺寸见表6-3。

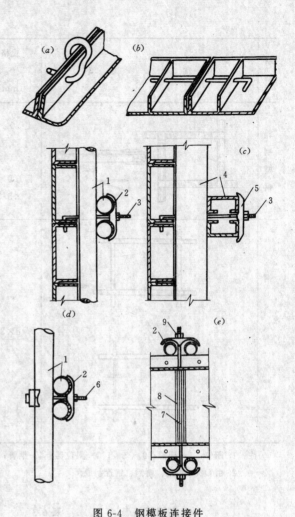

图6-4 钢模板连接件

(a) U形卡连接；(b) L形插销连接；(c) 钩头螺栓连接；(d) 紧固螺栓连接；(e) 对拉螺栓连接
1—圆钢管钢楞；2—3形扣件；3—钩头螺栓；4—内卷边槽钢钢楞；5—蝶形扣件；6—紧固螺栓；7—对拉螺栓；8—塑料套管；9—螺母

常用柱箍的规格和力学性能   表6-2

材料	简图	规格	夹板长度(mm)	截面积 A (mm²)	截面惯性矩 I_x (mm⁴)	截面最小抵抗矩 W_x (mm³)	适用柱宽范围(mm)	重量(kg/根)
角钢		∠75×50×5	1068	612	34.86×10⁴	6.83×10³	250～750	5.01

续表

材料	简 图	规格 (mm)	夹板长度 (mm)	截面积 A (mm^2)	截面惯性矩 I_x (mm^4)	截面最小抵抗矩 W_x (mm^3)	适用柱宽范围 (mm)	重量 (kg/根)
轧制槽钢		[80×43×5	1340	1024	101.30×10^4	25.30×10^3	500~1000	11.69
		[100×48×5.3	1380	1074	198.30×10^4	39.70×10^3	500~1200	15.21
钢管		ϕ48×3.5	1200	489	12.19×10^4	5.08×10^3	300~700	4.61

注：1. 图中：1—插销；2—夹板；3—限位器；4—钢管；5—直角扣件；6—方形扣件；7—对拉螺栓。
2. 由 Q235 角钢、槽钢、钢管制成。

钢楞规格表　　表 6-3

名　称	规　格　(mm)
钢　管	ϕ48×3.5
	ϕ51×3.5
矩形钢管	□60×40×2.5
	□80×40×2.0
	□100×50×3.0
内卷边槽钢	□80×40×15×3.0
	□100×50×20×3.0
槽　钢	[8

3）梁卡具　又称梁托架。是一种将大梁、过梁等钢模板夹紧固定的装置，并承受混凝土的侧压力。其种类较多，如图 6-5 所示，为常用的两种梁卡具。其中钢管卡具适用于断面为 700mm×500mm 以内的梁，扁钢和圆钢管组合卡具适用于断面为 600mm×500mm 以内的梁，以上两种梁卡具的高度和宽度都能调节。

4）四管支柱　由管柱、螺栓千斤顶和托盘组成，用于大梁、平台等水平模板的垂直支撑，如图 6-6 所示。

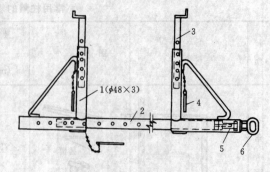

图 6-5（a）　钢管型梁卡具
1—三角架；2—底座；3—调节杆；4—插销；
5—调节螺栓；6—钢筋环

5）钢管架 又称钢支架，用于大梁、楼板等水平模板的垂直支撑，其规格形式较多，目前常用的有CH型和YJ型两种，见表6-4。

6）平面可调桁架 用于楼板、梁等水平模板的支撑。用它支设模板，可以节省模板支撑和扩大楼层的施工空间，有利于加快施工速度。其种类很多，图6-7为轻型桁梁，由两榀桁架组合后，其跨度可调整到2100～3500mm。

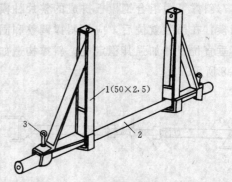

图 6-5（b） 扁钢和圆钢管组合梁卡具
1—三角架；2—底座；3—固定螺栓

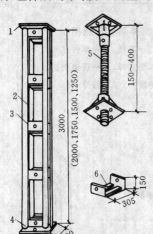

图 6-6 四管支柱
1—顶板；2—钢管；3—连接板；4—底板；5—螺栓千斤顶；6—托盘

图 6-7 轻型桁架

钢管架规格表　　　　　　　　　　表 6-4

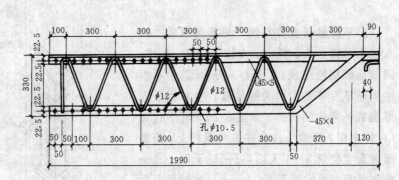

项　目	CH-65	CH-75	CH-90	YJ-18	YJ-22	YJ-27
最小使用长度（mm）	1812	2212	2712	1820	2220	2720
最大使用长度（mm）	3062	3462	3962	3090	3490	3990
调节范围（mm）	1250	1250	1250	1270	1270	1270
螺旋调节范围（mm）	170	170	170	70	70	70
容许荷载 最小长度时（kN）	20	20	20	20	20	20
容许荷载 最大长度时（kN）	15	15	12	15	15	12
重量（kg）	12.4	13.2	14.8	13.87	14.99	16.39

注：1. 图中：1—顶板；2—套管；3—插销；4—插管；5—底板；6—螺管；7—转盘；8—手柄；9—螺旋套。
2. CH型相当于《组合钢模板技术规范》GBJ214—89的C-18型、C-22型和C-27型，其最大使用长度分别为3112、3512、4012mm。

7)斜撑 由组合钢模板拼成的整片柱模和墙模,在吊装就位后,应用斜撑调整和固定其垂直位置并加强其稳定性。斜撑构造如图 6-8 所示。

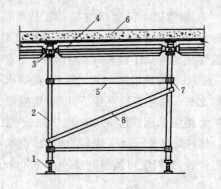

图 6-9 支撑系统示意图
1—底脚螺栓;2—支柱;3—早拆柱头;
4—主梁;5—水平支撑;6—现浇楼板;
7—梅花接头;8—斜撑

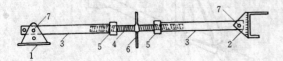

图 6-8 斜撑
1—底座;2—顶撑;3—钢管斜撑;4—花篮螺丝;5—螺母;6—旋杆;7—销钉

8)早拆模板支撑系统 早拆体系的支撑系统由早拆柱头、托梁、支柱、横撑、斜撑、调节地脚螺栓组成,如图 6-9 所示。其中早拆柱头是早拆体系中的关键装置,主要用于支撑模板托梁的的支拆,如图 6-10 所示。托梁(也称主梁)的梁头挂在柱头的梁托上,当楼板混凝土浇筑 3~4 天后,可用锤子敲击柱头的支承板,使梁托下落 115mm,此时便可拆除模板和模板托梁,而柱头顶板仍然支顶着现浇楼板,直到混凝土强度增长到符合规范允许拆模数值为止。

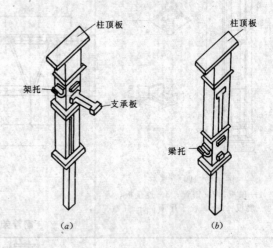

图 6-10 早拆柱头
(a) 升起的梁托;(b) 落下的梁托

---

(1) 建筑模板的种类包括:木模板、组合钢模板、钢框胶合板模板、钢框竹胶板模板等不同形式。
(2) 模板支撑件包括:柱箍、钢楞、梁卡具、支架、斜撑、钢桁架等。
(3) 早拆模板支撑系统由早拆柱头、托梁、支柱、横撑、斜撑、调节地脚螺栓组成。

复习思考题
(1) 组合钢模板的规格和代号。
(2) 钢框胶合板模板、钢框竹胶板模板的规格尺寸。
(3) 柱箍的种类及适用范围。
(4) 模板支撑的作用及支撑形式。

6.2 模板图的绘制

模板图是在配板设计和支撑方案设计已经完成的基础上绘制的，它是现场技术人员确定施工方案和进行技术交底的重要依据。尽管模板图没有列入国家制图标准，但在实际工程中得到广泛应用。

模板图的成图原理与建筑工程图一样采用正投影原理，必要时采用透视图或轴测图。它包括模板配板图，横、纵剖面图（即支撑布置图），局部大样图等图样。模板图是由现场工程技术人员确定施工方案时绘制的，属于施工放样图。

6.2.1 柱模板图

矩形柱的特点是细且高，垂直度不易保证空间稳定性差。模板由四面侧板、柱箍、支撑组成。侧板和柱箍主要承受混凝土的侧压力，支撑体系保证柱体的双向垂直度和空间稳定性。模板可以视施工条件不同分别采用上节介绍的木模、钢模和钢框胶合板体系。今以采用组合钢模、钢支撑为例，说明柱配板设计的一般程序。

（1）配板原则

1）要保证构件的形状尺寸和相互位置的正确性。

2）模板体系应具有足够的强度、刚度和稳定性，能够承受新浇筑混凝土的重量和侧压力及各种施工荷载的作用。

3）构造简单，装拆方便，板缝严密不漏浆，并为钢筋绑扎等其它工序施工提供方便。

4）配板时应优先采用大块模板，使模板种类和块数最少，木材的镶补量最少。设置对拉螺栓时，应在螺栓部位设置与钢模厚度相同的木条，尽量少在钢模上钻孔。

5）一般柱、梁模板的支撑体系可根据经验确定支撑方案，大型柱、梁宜经设计计算确定。

6）模板的配板设计应绘制配板图，并列出主要材料表，图中应注明预留孔洞和预埋件位置，并注明固定方法。

（2）构造要求

1）柱顶与梁交接处，要留出缺口，缺口尺寸即为梁的高、宽。

2）柱模超过2m以上时应设门子板，以利于混凝土的浇筑，如图6-11所示。

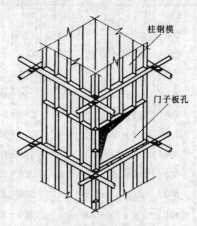

图6-11 柱模门子板

3）柱模应在柱脚的一侧留置清理口，如果柱子断面较大，为了便于清理，亦可两面留设，清理完毕，立即封闭。

（3）配板步骤

柱模板的施工设计，首先应按单位工程中不同断面和长度的柱所需配置模板的数量作出统计，并编号、列表，然后进行每一种规格的柱模板施工设计，具体步骤如下：

1）按表6-5选用确定宽度方向的模板组配方案。

2）按表6-1确定高度方向的模板组配方案。

3）通过计算，选用柱箍、背楞的规格和间距（详见有关模板设计手册）。柱箍间距下部适当加密、上部适当放宽。

4）配制柱间水平撑和斜撑，必要时可配置螺栓拉杆。

（4）支撑方式

1）侧板可视情况采用图6-12所示的支撑方法。

2）柱模高度达4～6m时，一般应采用单

柱四面支撑或用带有花篮螺栓的揽风绳与柱顶四角拉结，既可校正中心线和垂直度，也可起支撑作用，如图 6-13 所示。当柱高超过 6m 时，不宜单柱支撑，应几根柱同时支撑，连成整体排架。

3) 柱模的根部应与结构加固，以防浇筑混凝土时根部偏移。

梁柱断面按模板宽度的配板表（单位：mm） 表 6-5

序号	断面边长	排列方案	参考方案 1	参考方案 2	参考方案 3
1	150	150			
2	200	200			
3	250	150+100			
4	300	300	200+100	150×2	
5	350	200+150	150+100×2		
6	400	300+100	200×2	150×2+100	
7	450	300+150	200+150+100	150×3	
8	500	300+200	300+100×2	200×2+100	200+150×2
9	550	300+150+100	200×2+150	150×3+100	
10	600	300×2	300+200+100	200×3	
11	650	300+200+150	200+150×3	200×2+150+100	300+150+100×2
12	700	300×2+100	300+200×2	200×3+100	
13	750	300×2+150	300+200+150+100	200×3+150	
14	800	300×2+200	300+200×2+100		300+200×2+100
15	850	300×2+150+100	300+200×2+150	200×3+150+100	
16	900	300×3	300×2+200	300+200×3	200×4+100
17	950	300×2+200+150	300+200×2+150+100	300+200×3	150+200×4
18	1000	300×3+100	300×2+200×2	300+200×3+100	200×5
19	1050	300×3+150	300×2+200+150+100	300×2+150×3	

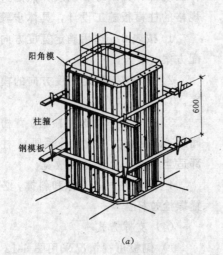

(a)

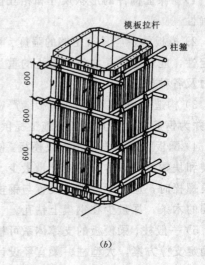

(b)

图 6-12 几种柱模支设方法（一）
(a) 型钢柱箍；(b) 钢管柱箍

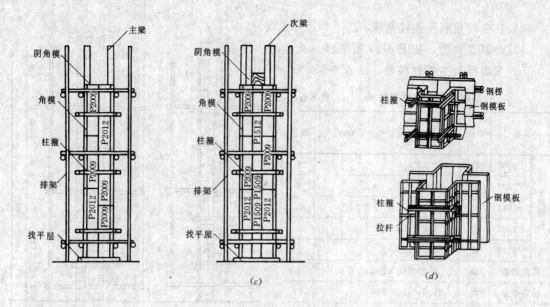

图 6-12 几种柱模支设方法（二）
(c) 钢管脚手支柱模；(d) 附壁柱模

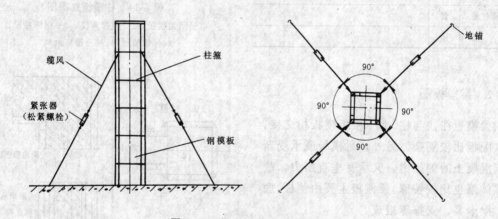

图 6-13 紧张器校正柱模板图

(5) 柱模板实例

【例 6-1】 某钢筋混凝土柱的断面为 400mm×500mm，净高 3.70m。试进行柱配板设计，并画出柱模板两个不同立面图（主梁口 200mm×700mm，主梁与柱交接在两个短边上，次梁口 200mm×500mm，次梁与柱交接在两个长边上）。

1) 根据表 6-5 宽度 400mm 方向用 2×200mm，即两块宽度为 200mm 的模板；宽度 500mm 方向用 2×150mm+200mm，即两块宽度为 150mm 和一块 200mm 的模板。

2) 根据表 6-1 和实际情况，高度方向短边选用 1200mm+900mm+750mm+150mm，即长度1200mm、900mm、750mm 各一块，150mm 阴角嵌板两块并列横放（宽度 200mm+200mm）。剩余 700mm 用阴角嵌板立放组装出梁口，高度为 2×200mm+300mm。高度方向长边选用 2×1200mm+750mm，即两块长度1200mm 和一块长度为 750mm 的模板，剩余 550mm，首先用 55mm×50mm 的方木作为镶补，然后用阴角模板立放组装出梁口。

3) 根据柱高和截面尺寸选用六道钢管柱箍，其中三道与钢管支撑形成排架。

4）柱模四角利用连接角模。

5）绘制立面图，如图 6-14 所示。

6）列出模板主要材料表、见表 6-6。

钢模板及支撑件用量表　　　表 6-6

名称		单位	规格（宽×长）(mm)	数量
平面模板	P2007	块	200×750	6
	P2009	块	200×900	4
	P2012	块	200×1200	8
	P1507	块	150×750	4
	P1512	块	150×1200	8
阴角嵌板		块	150×150×200	4
阴角嵌板		块	100×150×200	12
阴角嵌板		块	100×150×300	8
连接角模		块	50×50×1500	8
连接角模		块	50×50×750	4
钢管柱箍		套		3
钢　管		m		32

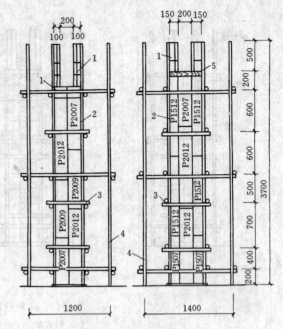

图 6-14　柱模板立面图
1—阴角模板；2—连接角模；3—钢管柱箍；
4—钢管排架；5—镶补木料

6.2.2　梁模板图

梁模板往往与柱、墙、楼板模板相交接，所以配板比较复杂。另外，梁模板既承受新浇筑混凝土的侧压力，又承受垂直压力，故支撑体系也比较特殊。梁模板主要由侧板、底板、梁卡具、支撑等组成。

(1) 构造要求

1）梁模板与柱、墙模板交接时，用角模和不同规格的钢模板作嵌补模板拼出梁口，如图 6-15 所示，不使梁口处的模板边肋和柱混凝土接触，在柱身梁底位置设柱箍或槽钢，用以搁置梁模。梁的配板长度为梁净跨减去梁口嵌补模板的宽度。

2）梁模板与楼板模板交接，可采用阴角模板或木材拼镶，如图 6-16 所示。

3）梁模板侧模的纵、横楞或梁卡具布置应通过计算确定。

4）支承梁底模板的横楞间距尽量与梁侧模板的纵楞相适应，并照顾楼板模板的支撑

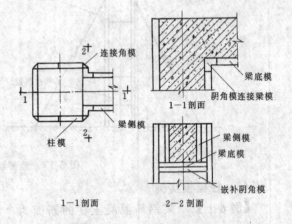

图 6-15　柱顶梁口采用嵌补模板

布置情况。横楞下布置的纵楞或桁架由支柱支撑，其间距通过计算确定，一般采用双支柱，间距 600～1000mm 为宜。

(2) 配板步骤

采用组合钢模板及钢支撑的配板步骤如下：

1）选用确定梁底模宽度方向和长度方向组配方案，可参照表 6-4、表 6-1 选用。

2）确定梁侧模板高度方向的组配方案。

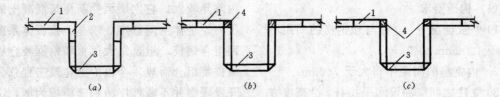

图 6-16 梁模板与楼板模板交接
(a) 阴角模连接；(b)、(c) 木材拼镶
1—楼板模板；2—阴角模板；3—梁模板；4—木材

3) 通过计算确定侧模的纵横楞的规格间距。

4) 通过计算确定梁底支撑的规格、间距。

(3) 梁模板图实例

【例 6-2】 某框架主梁配板断面 300mm×700mm，净长 6750mm，梁上放置预制楼板，梁底净高 3.00m。梁两端支撑在框架柱上。试进行配板设计并画出该梁配板图及支撑图。

1) 梁底模板宽度方向选用一块 300mm 宽的模板，长度方向为 5×1200mm＋450mm，即 5 块宽度为 300mm，长度为 1200mm 的模板和 1 块宽度为 300mm，长度为 450mm 的模板，剩余 300mm 分别为两端梁口嵌补阴角模板。

2) 梁侧模板长度方向配板与梁底模板一致，高度方向为 2×200mm＋300mm，即 2 块宽度为 200mm，1 块宽度为 300mm 的模板错缝布置。

3) 侧模和底模用连接角模连接。

4) 通过计算确定侧模支撑选用钢管型组合梁卡具，间距为 750mm。

5) 通过计算确定梁底模支撑，选用由横楞和立柱组成的钢管排架，排架支柱间距为 750mm，与梁卡具错开布置，并在适当位置配以剪刀撑。

6) 绘制梁模板配板图和支撑布置图，如图 6-17，图 6-18 所示。

7) 列出模板主要材料表，(表的形式见表 6-6，读者自行列出)。

6.2.3 现浇楼板模板图

楼板模板主要承受垂直压力，配板时宜采用大块模板（如钢框胶合板）以减少拼缝，要特别处理好楼板模板与梁、柱模板的交接。

楼板模板主要由平面模板、内外钢楞、立柱等组成。

(a) 梁底模

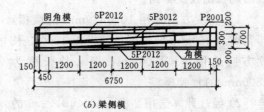

(b) 梁侧模

图 6-17 梁模板配板图

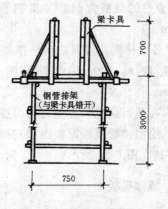

图 6-18 梁模板支撑图

(1) 构造要求

1）一般情况下，立柱与外钢楞的间距不得大于 1200mm。

2）内钢楞的间距不得大于 750mm。

3）立柱之间应加设水平拉杆，沿高度方向每隔 1.6m 左右设一道。一般第一道水平撑距地 200～300mm。

4）立柱下面应垫通长木脚手板，上下层支柱应在同一竖向中心线上。

(2) 配板步骤

1）按横排或纵排的配板原则分别计算模板块数及拼镶木模的面积，通过比较作出选择。

2）根据荷载选用钢楞。

3）计算确定立柱规格型号，并作出水平支撑、剪刀撑的布置。

(3) 楼板模板图实例

【例 6-3】 某框架结构局部现浇钢筋混凝土楼板，其支模尺寸为 4500mm×6000mm，板厚110mm，楼层净高4.50m，试用钢框竹胶模板进行配板设计，并画出该楼板的配板图及支撑图。

1）宽度方向选用 10×450mm 的模板，即宽度为 450mm 的钢框竹胶模板 10 块。长度方向选用 4×1500mm，即 4 块长度为 1500mm 的竹胶模板。

2）经过计算选用2根□60×40×2.5的矩形钢管作为内、外钢楞，内钢楞的间距为750mm，外钢楞的间距为1000mm。

3）立柱的规格为 $\phi 48\times 3.5$ 钢管支柱，间距为 1m。

4）各立柱间布置双向水平撑共三道，最下一道距地 200mm，其余两道间距 1600mm。

5）在适当位置布置垂直剪刀撑。

6）绘制楼板模板配板图和支撑布置图，如图 6-19、图 6-20 所示。

6.2.4 墙体模板

墙体模板一般长度较长，高度视不同结构差异较大。它主要承受新浇筑混凝土的侧压力，整体空间稳定性较差。模板体系多采用组合钢模、组合钢大模板和钢框胶合板模板拼装组合而成，今以中国建筑工程总公司开发研制并不断推广的利建模板为例，说明墙模板的配制过程。

利建模板的墙体模板体系由组合大钢模板（或重型钢框胶合板模板）、角模、调节缝

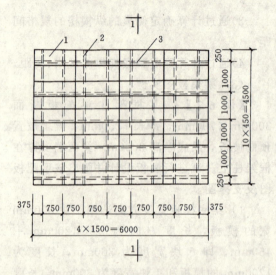

图 6-19 楼板模板配板图
1—钢框竹胶模板；
2—内钢楞 2□60mm×40mm×2.5mm；
3—外钢楞 2□60mm×40mm×2.5mm

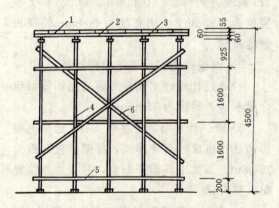

图 6-20 楼板模板支撑图（Ⅰ-Ⅰ剖面）
4—$\phi 48$mm×3.5mm 钢管支柱；
5—水平撑 $\phi 48$mm×3.5mm；
6—剪刀撑 $\phi 48$mm×3.5mm

板、背楞、平台挑架、斜撑、穿墙螺栓、铸钢螺母、塑料孔塞、工具箱、吊钩等组成,如图 6-21 所示,采用 M16×40 螺栓连接成整体,由塔吊整体吊装和拆除。

(1) 配板原则

模板直接与混凝土接触,要求平直,脱模方便,可以用钢大模板或钢框胶合板模板拼装而成。

1) 平面布置

内墙模板一般一道墙拼成一整块,长度等于墙净尺寸减去角模和调整缝的宽度,长度较长的墙可以分块,每块长度以不大于 6m 为宜。外墙模板一般按轴线尺寸分配。

2) 立面布置

立面模板一般为水平错缝排列,以提高大模板的整体刚度。内模高度与墙高一致,若墙高不合模数,也可略高于墙。外模上口应与楼板面平齐,其下部应包住与下层混凝土 100～300mm。

(2) 支撑体系

1) 背楞为竖向排列,主要作用是将模板连成整体,当模板水平方向有两块以上模板时应加设横向背楞。竖向背楞的间距为 600mm。

2) 穿墙螺栓主要承受新浇筑混凝土对模板的胀力,其间距应与模板宽度、竖向排列的背楞间距相适应。

3) 斜撑安装在背楞上,主要作用是调整墙体的垂直度,保持墙模的空间稳定。上撑距地面 180～2100mm,下撑距地面 150～450mm,模板长在 6000mm 以内时安装 2 套斜撑,6000mm 以上时安装 3 套斜撑。

(3) 细部构造

1) 内模与内模交接处,采用角模配合角钢搭接构造,以调整缝隙,如图 6-22 所示。

2) 外模大模板与大模板之间的接头,配板时留出 100mm 的空隙,用 2 块 L50×5 的角钢搭接,可有 20mm 的调节缝隙,如图 6-23 所示。

3) 穿墙螺栓既要承受新浇筑混凝土的胀

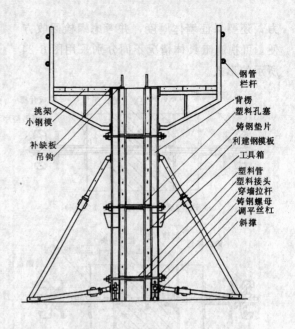

图 6-21 墙模板组装示意图

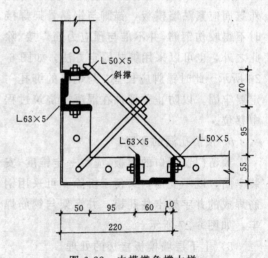

图 6-22 内模搭角撑大样

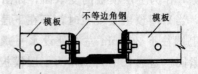

图 6-23 外模接头大样

力,还要保证墙体厚度,并考虑螺栓回收方便,可视施工具体情况不同分别采用图 6-24 所示的形式。

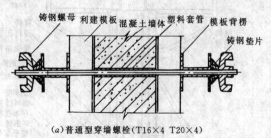

(a) 普通型穿墙螺栓(T16×4 T20×4)

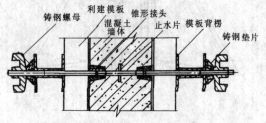

(b) 防水型穿墙螺栓(T16×4 T20×4)

图 6-24 穿墙螺栓构造

4) 预埋件和预留孔洞的设置。

a. 预埋件的留置。

图 6-25 为焊接固定预埋件构造。预埋件外露面应紧贴墙模板,锚脚与钢筋骨架焊接时不得咬伤钢筋,并不准与预应力筋焊接。除此之外,也可以采用绑扎固定方法,如图 6-26 所示。此时锚脚应长些,与钢筋的绑扎一定要牢固,以防止预埋件在混凝土浇筑过程中移位。

b. 预留孔洞的留置。

预留门窗洞口的模板,应有一定锥度,安装牢固,既不变形,又便于拆除。可采用钢筋焊成的井字架卡住孔模,井字架与钢筋焊牢,如图 6-27 所示。

5) 上下层墙模板接槎的处理。

当采用单块就位组装时,可在下层模板的上端设一道穿墙螺栓,拆除时该层模板暂不拆除,作为上层模板的支承面,如图 6-28 所示。当采用预组装模板时,可在下层混凝土墙上端往下 200mm 左右处设水平螺栓一道,紧固一道通长的角钢作为上层模板的支承,如图 6-29 所示。

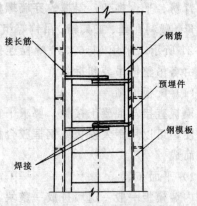

图 6-25 焊接固定预埋件

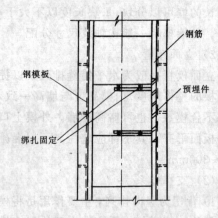

图 6-26 绑扎固定预埋件

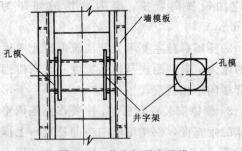

图 6-27 井字架固定孔模

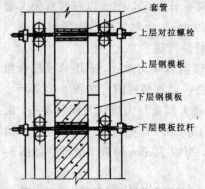

图 6-28 下层模板不拆作支承图

(4) 设计步骤

1) 模板支撑方案的确定,主要根据模数合理确定模板的排列,重点处理好柱、梁、墙、楼板交接处的衔接方式,并确定相应的支撑方案。

2) 按表6-7、表6-8、表6-9模板水平方向和竖直方向的配板设计,并计算模板块数及嵌补木模块数。

3) 确定内外钢楞的规格、间距。

4) 确定对拉螺栓的规格型号。

5) 绘出墙模板立面图。

6) 列表统计主要材料的规格、型号及数量。

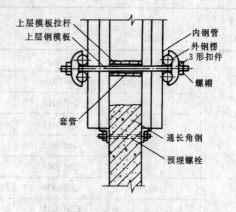

图 6-29 角钢支承图

重型钢框防水胶合板模板规格表　　表 6-7

宽度 B (mm)	长度 L (mm)	代　号	每块面积 (m^2)	每块重量 (kg)	单位面积重量 (kg/m^2)
1200	2400	MM1224	2.88	51.59	17.91
	2100	MM1221	2.52	47.99	19.04
	1800	MM1218	2.16	40.31	18.66
	1500	MM1215	1.80	35.9	19.94
	1200	MM1212	1.44	29.03	20.16
	900	MM1209	1.08	23.80	22.04
900	2400	MM9024	2.16	43.78	20.27
	2100	MM9021	1.89	41.03	21.71
	1800	MM9018	1.62	34.20	21.11
	1500	MM9015	1.35	30.64	22.70
	1200	MM9012	1.08	24.62	22.80
	900	MM9009	0.81	20.24	24.99
600	2400	MM6024	1.44	35.97	24.98
	2100	MM6021	1.26	34.07	27.04
	1800	MM6018	1.08	28.09	26.01
	1500	MM6015	0.90	25.38	28.20
	1200	MM6012	0.72	20.21	28.07
	900	MM6009	0.54	16.68	30.89
450	2400	MM4524	1.08	31.33	29.01
	2100	MM4521	0.945	29.84	31.58
	1800	MM4518	0.81	24.29	29.99
	1500	MM4515	0.675	22.01	32.61
	1200	MM4512	0.54	17.27	31.98
	900	MM4509	0.405	14.17	34.99
300	2400	MM3024	0.72	27.44	38.11
	2100	MM3021	0.63	26.39	41.89
	1800	MM3018	0.54	21.26	39.37
	1500	MM3015	0.45	19.40	43.11
	1200	MM3012	0.36	15.08	41.89
	900	MM3009	0.27	12.40	45.93

轻型钢框防水胶合板模板规格表　　　表 6-8

宽度 (mm)	长度 (mm)	代　号	每块面积 (m²)	每块重量 (kg)	单位面积重量 (kg/m²)
900	2400	QM9024	2.16	22.53	10.43
	2100	QM9021	1.89	19.96	10.56
	1800	QM9018	1.62	17.39	10.73
	1500	QM9015	1.35	14.86	11.01
	1200	QM9012	1.08	12.26	11.35
	900	QM9009	0.81	9.72	12.00
600	2400	QM6024	1.44	16.83	11.69
	2100	QM6021	1.26	14.89	11.82
	1800	QM6018	1.08	12.95	11.99
	1500	QM6015	0.90	11.04	12.27
	1200	QM6012	0.72	9.08	12.61
	900	QM6009	0.54	7.16	13.26
450	2400	QM4524	1.08	15.23	14.10
	2100	QM4521	0.945	13.46	14.24
	1800	QM4518	0.81	11.68	14.42
	1500	QM4515	0.675	9.89	14.65
	1200	QM4512	0.54	7.37	13.65
	900	QM4509	0.405	6.36	15.70
300	2400	QM3024	0.72	11.15	15.49
	2100	QM3021	0.63	9.84	15.62
	1800	QM3018	0.54	8.55	15.83
	1500	QM3015	0.45	7.24	16.09
	1200	QM3012	0.36	5.93	16.47
	900	QM3009	0.27	4.62	17.11

注：常用规格：600mm×2400mm、600mm×1800mm、600mm×1200mm。

定型组合大钢模板常用规格表　　　表 6-9

宽度 B (mm)	长度 L (mm)	代　号	每块面积 (m²)	每块重量 (kg)	单位面积重量 (kg/m²)
1200	2400	CM12024	2.88	158.29	54.96
	2100	CM12021	2.52	140.61	55.80
	1800	CM12018	2.16	120.18	55.64
	1500	CM12015	1.80	101.94	56.63
	1200	CM12012	1.44	32.06	56.99
	900	CM12009	1.08	63.27	58.58

续表

宽度 B (mm)	长度 L (mm)	代号	每块面积 (m^2)	每块重量 (kg)	单位面积重量 (kg/m^2)
900	2400	QM09024	2.16	120.65	55.86
	2100	CM09021	1.89	107.83	57.05
	1800	CM09018	1.62	91.85	56.70
	1500	CM09015	1.35	78.39	58.07
	1200	CM09012	1.08	63.04	58.37
	900	CM09009	0.81	48.96	60.44
600	2400	CM06024	1.44	84.48	58.67
	2100	CM06021	1.26	73.36	58.22
	1800	CM06018	1.08	64.54	59.76
	1500	CM06015	0.90	55.72	61.91
	1200	CM06012	0.72	44.65	62.01
	900	CM06009	0.54	35.08	64.96
450	2400	CM04524	1.08	66.81	61.86
	2100	CM04521	0.95	62.82	66.13
	1800	CM04518	0.81	52.82	65.21
	1500	CM04515	0.68	45.84	67.41
	1200	CM04512	0.54	36.60	67.78
	900	CM04509	0.41	28.86	70.39
300	2400	CM03024	0.72	52.96	73.55
	2100	CM03021	0.63	48.58	71.11
	1800	CM03018	0.54	40.40	74.83
	1500	CM03015	0.45	35.27	78.38
	1200	CM03012	0.36	27.85	77.56
	900	CM03009	0.27	21.96	81.33
150	2400	CM01524	0.36	33.16	92.11
	2100	CM01521	0.32	29.10	90.94
	1800	CM01518	0.27	25.03	92.70
	1500	CM01515	0.23	20.97	91.17
	1200	CM01512	0.18	16.90	93.89
	900	CM01509	0.14	12.84	91.71

(5) 墙体模板图实例

【例 6-4】 某内墙局部,墙长 4.2m,墙高 2.7m,试用重型钢框防水胶合板模板进行配板立面设计,并画出墙模板立面排列图。

1) 平面沿墙长度方向选用表 6-7 所示长度为 2400mm 和 1800mm 模板各一块。

2) 立面沿墙高度方向选用宽度为 300mm 和 600mm 的模板各两块;900mm 宽的模板一块错缝排列。

3) 背楞由竖向和横向组成,经过计算竖

向背楞选用2根[100×40×4轻型槽钢,间距600mm。横向背楞两道,选用材料与竖楞一致,第一道距地面600mm,第二道距地面1500mm。

4)穿墙螺栓的横向间距随竖向背楞、竖向间距依次为325mm、900mm、1200mm、275mm(因每块模板每隔300~600mm距边25mm有一个穿墙孔)。

5)因墙模长度在6000mm以内,故安装2套斜撑,斜撑间隔2.4m。

6)绘制墙模板立面图,如图6-30所示。墙模支撑图读者可参照图6-21绘制,并按立面排列图标注尺寸。

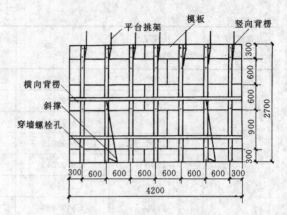

图6-30 墙模板立面排列图

6.2.5 楼梯模板

楼板模板一般比较复杂,常见的有板式和梁式楼梯,其楼梯梁和平台板的支模设计与上述的梁、板模板设计大至相同,所不同的是楼梯段部分,要根据楼梯平、剖面图放出模板大样,并确定相应的特殊支承方法。结合下列实例对楼梯模板图加以说明。

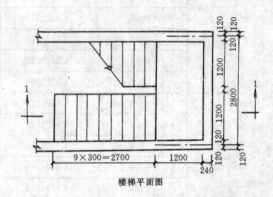

楼梯平面图

【例5】 某双跑式楼梯,平面和剖面如图6-31所示,试用木模板对该楼梯作模板设计,并画出楼梯模板图。

楼梯平台梁和平台板模板的构造与肋形楼盖模板基本相同。楼梯段模板是由底模、搁栅、牵杠、牵杠撑、外帮板、踏步侧板及三角木等组成,其基本构造如图6-32所示。

(1)构造要求

1)底模板厚20~25mm,搁栅断面50mm×100mm,间距不大于500mm。

2)搁栅下所立牵杠和牵杠撑断面70mm×150mm,间距不大于1200mm,牵杠撑下垫通长垫板,互相之间应用拉杆拉结。

3)踏步侧板两端钉在梯段外帮板的木档上,如先砌墙体,则靠墙的一端可钉在反三角上。外帮板的宽度应大于梯段板厚及踏步高,板的厚度30mm,长度按梯段长度确定。

楼梯模板有的部分可按楼梯详图配制,有的部分则需要放出楼梯的大样图,以便量

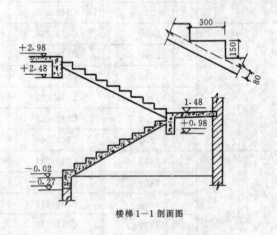

楼梯1—1剖面图

图6-31 楼梯详图

出模板的准确尺寸。

a.在平整的地面上,用1:1的比例放大样。先弹出水平基线$x-x$及其垂线$y-y$。

b.根据已知尺寸及标高,先画出梯基梁、平台梁及平台板。

c.定出踏步首末两级的角部位置A、a两点及根部位置B、b两点,两点之间画连

线。画出 $B-b$ 线的平行线，其距离等于梯板厚，与梁边相交得 C、c，如图6-33所示。

d. 在 Aa 及 Bb 两线之间，通过水平等分或垂直等分画出踏步。

e. 按模板厚度于梁板底部和侧部画出模板图

f. 按支撑系统的规格画出模板支撑系统及反三角木等模板安装图，如图6-34所示。

第二梯段放样方法与第一梯段基本相同。

(2) 计算方法

由于楼梯踏步的高和宽构成的直角三角形与梯段和水平线构成的直角三角形为相似三角形，所以，踏步的坡度系数和坡度与梯段的坡度系数和坡度完全一致，楼梯模板各倾斜部分都可利用楼梯的坡度值和坡度系数进行各部分尺寸的计算。

如图6-33：踏步高=150mm；

踏步宽=300mm；

踏步斜边长 = $\sqrt{150^2 + 300^2}$
= 335.4mm；

坡度 = $\dfrac{短边}{长边}$ = $\dfrac{150}{300}$ = 0.5；

坡度系数 = $\dfrac{斜边}{长边}$ = $\dfrac{335}{300}$
= 1.118。

根据已知的坡度和坡度系数，可进行楼梯模板各部分尺寸的计算。

a. 楼基梁里侧模的计算，如图6-35所示：

外侧模板全高为450mm。

里侧模板高度=外侧模板高-AC。

其中：$AC = AB + BC$；

$AB = 60 \times 0.5 = 30$mm；

$BC = 80 \times 1.118 \approx 90$mm；

$AC = 30 + 90 = 120$mm；

所以：里侧模板高=450-120=330mm。

又：侧模板厚度取30mm；

则：模板斜口高度=$30 \times 0.5 = 15$mm

梯基梁里侧模高应取：

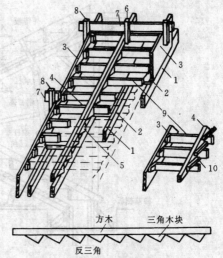

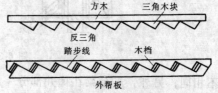

图6-32 楼梯模板构造
1—楞木；2—底模；3—外帮板；4—反三角木；
5—三角板；6—吊木；7—横楞；8—立木；
9—踏步侧板；10—顶木

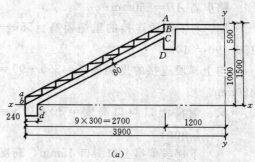

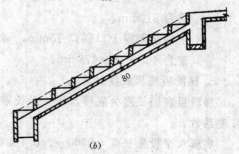

图6-33 楼梯放样图

330+15=345mm。

b. 平台梁里侧模的计算如图6-36所示：

里侧模的高度：由于平台梁与上、下梯段相接部分的高度不同，模板上口斜口的方

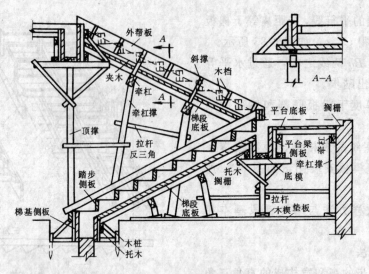

图 6-34 楼梯模板图

向也不相同；另外，平台梁在梯井部分一小段模板的高度为全高。故：

里侧模全高＝420＋80＋50＝550mm。

平台梁与梯段相接部分高度 BC 为 $80\times1.118=90$mm。

踏步高 $AB=150$mm；

则：与下梯段连接的里侧模高＝550－150－90＝310m。

与上梯段连接的里侧模高＝550－90＝460mm。

又：侧模上口斜口高度＝30×0.5＝15mm；

下梯段侧模上口斜口 15mm，高度仍为 310mm；

上梯段侧模上口斜口 15mm，高度应为 460＋15＝475mm。

c. 梯段板底模长度计算：

梯段板底模长度为底模水平投影长乘以坡度系数。

底模水平投影长度＝2700－240（梁宽）－（30＋30）（梁侧模厚度）＝2400mm；

底模斜长＝2400×1.118＝2683mm。

d. 梯段侧模计算，如图 6-37 所示：

踏步侧板厚为 20mm；木档宽为 40mm；

则：$AB=300+20+40=360$mm；

$AC=360\times0.5=180$mm；

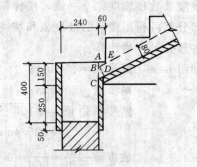

图 6-35 梯基梁模板

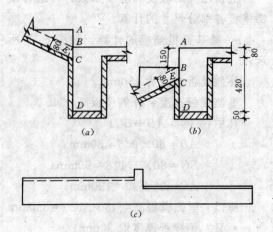

图 6-36 平台梁模板

$AD=180\div 1.118=160$mm。

侧模宽度$=160+80=240$mm（图6-37a）。

侧模长度一般取梯段斜长加侧模宽度与坡度的乘积，即侧模长度$=2700\times 1.118+240\times 0.5=3139$mm（图6-37$b$）。

侧模割锯部分的尺寸计算，如图6-37(c)。

模板四角编号为$dbeg$，bd端锯去$\triangle abc$，$\triangle abc$为与楼梯坡度相同的直角三角形，$ac=$踏步高＋梯板厚×坡度系数$=150+80\times 1.118=240$mm；$bc=240\div 1.118=214$mm；$ab=214\times 0.5=107$mm。

eg端锯去$\triangle fjh$，$\triangle fjh$为与楼梯坡度相同的直角三角形，$fj=$踏步侧板厚＋木档宽$=20+40=60$mm，ai为梯段底板的斜长，ji等于梯板厚×坡度系数，而ai与ji交于i点。

模板的长度如有误差，在满足以上条件下，可以平移割锯线，进行适当调整。

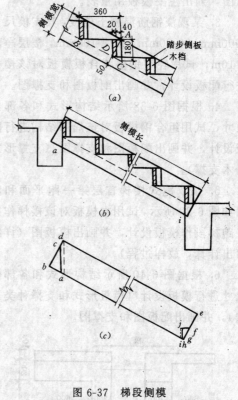

图6-37 梯段侧模
(a)踏步尺寸；(b)侧模长；(c)侧模成型

---

(1)柱模板图由两个不同立面组成。在模板图上注明主要构件的名称、规格，并标注详细尺寸。统计出主要构件的规格、数量。

(2)梁模板图由梁底模平面图、梁侧模立面图以及支撑图组成。应注意梁与柱、墙、板交接处的处理，梁卡具的使用方法。

(3)楼板模板图由配板平面图、支撑图组成。采用大块模板以减少拼缝。应熟悉钢框胶合板模板等新型模板材料的使用方法，对早拆模板体系应有所了解。

(4)墙体模板图由立面排列图和支撑系统图组成。在墙模或其它模板配制时，应注意细部构造方法，如预埋件和预留孔洞的设置，上、下层墙模之间的衔接等。

(5)楼梯模板图主要由放样图、支撑图和局部大样图组成，构造复杂、独特，掌握计算方法和放样方法是楼梯模板设计的关键。

练习题7

1. 某钢筋混凝土柱的断面为450mm×550mm，净高3.60m，梁与柱交接在柱的两个长边上。梁宽250mm，梁底净高3.10mm。试用组合钢模板对该柱作模板设计，并画出两个不同立面模板图。

2. 第(1)题中梁的净长为5150mm，梁高5000mm，梁上放置预制楼板，试用组合钢模板对该梁作模板设计，并画出配板图及支撑图,列出主要模板用量表。

3. 某现浇钢筋混凝土楼板,其支模尺寸 3900mm×4800mm,板厚 100mm,楼层净高 3.10m,试用轻型钢框胶合板模板对该楼板进行配板设计,并画出配板图和支撑图。

4. 根据图 6-38 所示结构形式和各部位尺寸,试用组合钢模板对该局部结构进行配板设计,并画出配板图和支撑图(支撑形式为木支撑)。

5. 某双跑式楼梯首层第一跑平面和剖面如图 6-39 所示,试用木模板对该楼梯作第一跑梯段作模板设计,并画出模板图(详细写出计算,放样过程)。

6. 根据图 6-40 所示结构形式和各部位尺寸进行模板设计(模板形式和支撑种类自选),并画出配板图和支撑图。

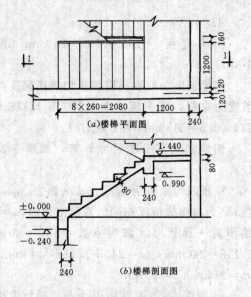

图 6-39 楼梯局部详图

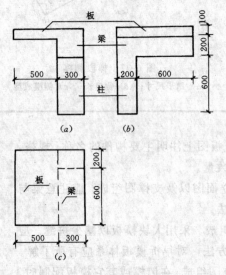

图 6-38 梁板柱结构局部图

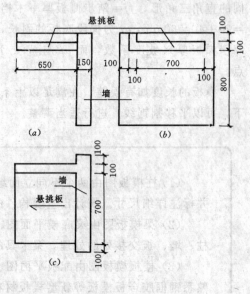

图 6-40 墙、悬挑板结构局部图
(a) 正立面图;(b) 左立面图;(c) 平面图

第7章 复杂砖砌体放样

7.1 多角形、弧形砌体大样

7.1.1 多角形砌体大样

多角形墙是指墙角为非直角的墙,所以又称异形角墙。这类墙的转折处产生的折角不是通常的直角而是异形角,平面形状一般有六角、八角、人字形角、斜十字形角等、如图7-1所示。A处为六角、B处为八字角、C处为人字形角。多角形墙适用于特殊房屋的转角、多角的亭台、楼阁曲折的回廊等处。

多角形墙体按形状可分为钝角和锐角两大类。钝角也称八字角,用于大于90°的转角墙,锐角又称凶角或小角,用于小于90°的转角墙。

多角形墙体的砌筑和普通砖墙的砌筑一样,要注意错缝搭接,同时还要做到砍砖少,收头好,角部搭接美观。八字角和凶角在砌筑时,必须要用"七分头"来调整错缝搭接,头角处不能采用"二分头"。

八字角一般采用外"七分头",使"七分头"显"八字"形,长边为3/4砖,短边为1/2砖,当短边大于1/2砖时,应将多余部分砍去。图7-2是一砖墙的八字角砌体大样。

图7-3也是一砖墙的八字角砌体大样。

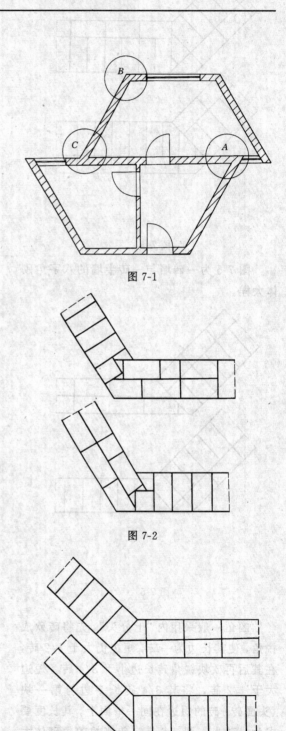

图7-1

图7-2

图7-3

图 7-4 为一砖半墙的八字角的砌体大样。

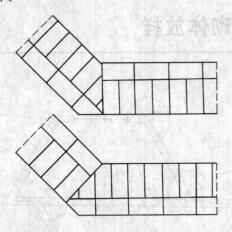

图 7-4

图 7-5 为一砖墙与一砖半墙的八字角砌体大样。

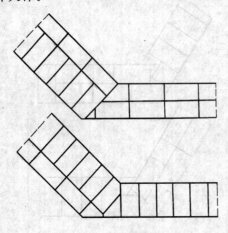

图 7-5

凶角一般采用内"七分头",先将砖砍成锐角,使其长边为一砖,短边仍大于 1/2 砖,在其后再砍块锐角砖长边小于 3/4 砖,短边大于 1/2 砖,将其 3/4 砖长一边与第一块(头面砖)砖的短边在同一平面上,其长度要求为一砖半。图 7-6 是一砖墙的凶角砌体大样。

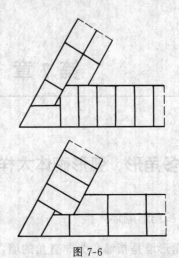

图 7-6

图 7-7 也是一砖墙的凶角另一种砌体大样。

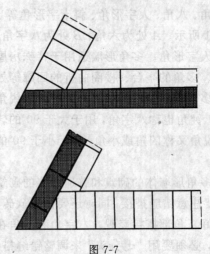

图 7-7

图 7-8 为一砖半墙的凶角砌体大样。

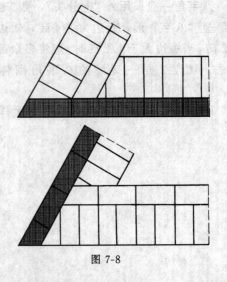

图 7-8

图7-9为一砖墙与一砖半墙的凹角砌体大样。

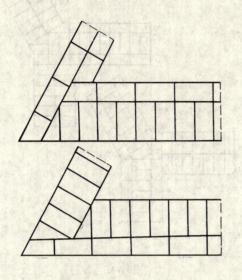

图7-9

图7-10为一砖墙的人字形的砌体大样。

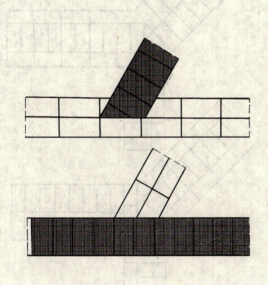

图7-10

图7-11为一砖半墙的人字形的砌体大样。

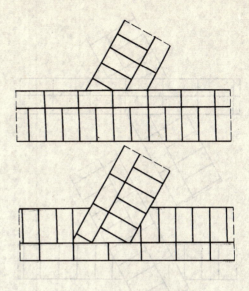

图7-11

图7-12为一砖墙与一砖半墙的人字形的砌体大样。

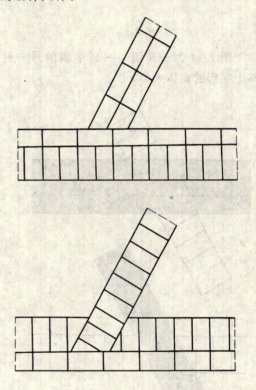

图7-12

图7-13为一砖墙与一砖半墙的斜十字形的砌体大样。

135

图 7-15 为两砖墙的 Y 形砌体大样。

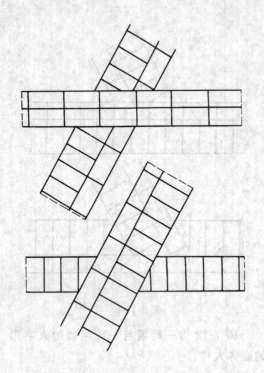

图 7-13

图 7-14 为一砖墙与一砖半墙的另一种斜十字形的砌体大样。

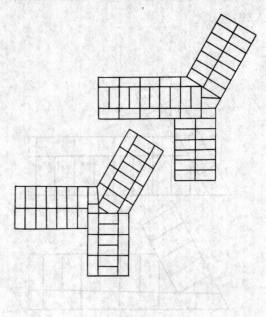

图 7-15

图 7-16 为一砖半墙与两砖墙的 Y 形砌体大样。

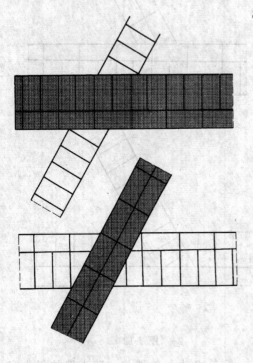

图 7-14

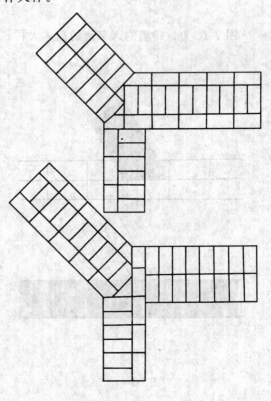

图 7-16

图 7-17 为两砖墙的 Y 形砌体大样。与图 7-15 不同处在于，这三道墙的夹角相等，均为 120°。

7.1.2 弧形墙砌体大样

弧形墙是指外形不是直线而是带有弧度的墙。弧形墙在建筑物中为了美观常用在门厅、门廊、会议厅的一端等处。在古建筑中也有弧形曲线的照壁和廊墙。但使用最为广泛的还是烟囱、水塔、圆仓等用砖砌的墙身，如图 7-19 所示。

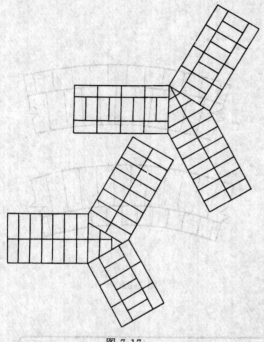

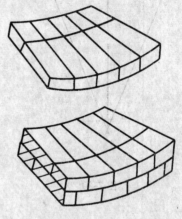

图 7-19

图 7-17

图 7-18 为两砖墙的八字角砌体大样，在组成八字角的两道墙中斜插了一道一砖半墙。

弧形墙一般多用顶砌法，即每皮砖都是顶头露在外面，上下皮砖之间的头缝互相错开 1/4 砖。水平灰缝厚为 8～10mm，垂直缝宽不小于 7mm，最大不超过 12mm。

弧形墙组砌筑大样的画法。

根据所给定的弧形墙的弦长 S，弦高 h 墙厚 d，计算出圆弧的半径及圆心角。

如 $S=3000mm$，$h=300mm$，$d=240mm$，$r=\dfrac{h}{2}+\dfrac{S^2}{8h}=\dfrac{300}{2}+\dfrac{3000 \cdot 3000}{8 \cdot 300}=3900mm$。$\sin\alpha=\dfrac{\dfrac{S}{2}}{r}=\dfrac{1500}{3900}=0.3846$，$\alpha=45°$

再计算出内圆弧 $l=\dfrac{2 \cdot r \cdot \pi \cdot \alpha}{360°}=3062mm$

所需要的砖数 $n=\dfrac{l-灰缝}{砖宽+灰缝}=\dfrac{3062-7}{115+7}≒25.04≒25$ 块

垂直内灰缝 $=\dfrac{l-砖数×砖宽}{砖数+1}=7.17mm$

如图 7-20 所示。

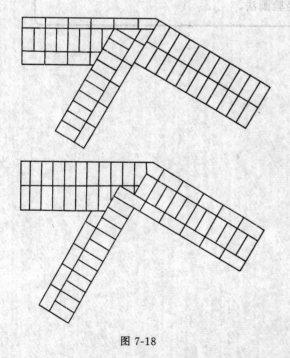

图 7-18

图 7-21 为一砖半弧形墙的砌体大样。

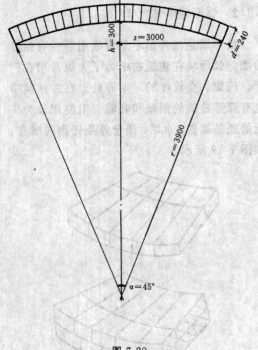

图 7-20

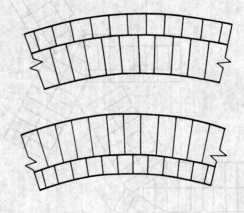

图 7-21

我们应注意凡砌体的墙角为非直角的墙为异形角墙。异形角墙的砌体大样必须符合砌筑的基本规则，砖块之间的上下左右应相互错缝搭接，错缝最少应1/4砖长。我们还应注意弧形墙的砌体大样除按公式计算圆弧半径。圆弧长、所需砖数外，还可合理使用施工实践中的一些经验画法。

练习题 8

1. 完成八字角的砌体大样

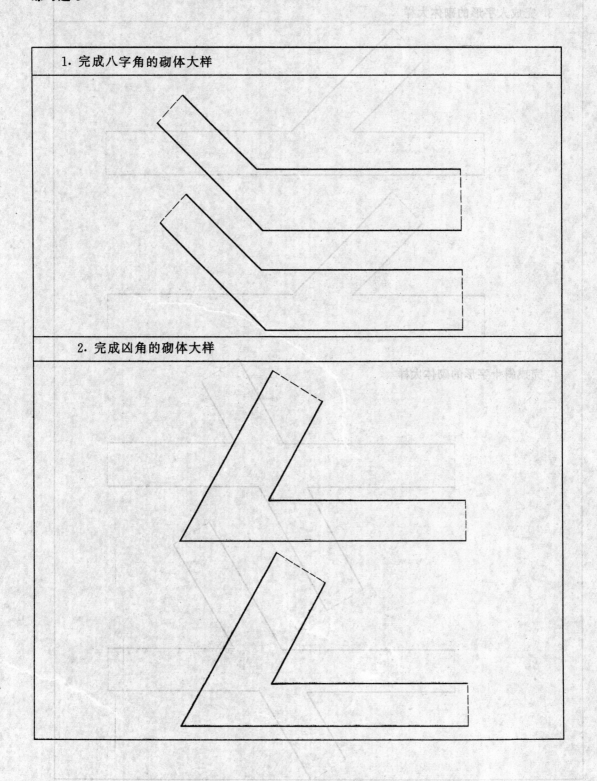

2. 完成凶角的砌体大样

3. 完成人字形的砌体大样

4. 完成斜十字形的砌体大样

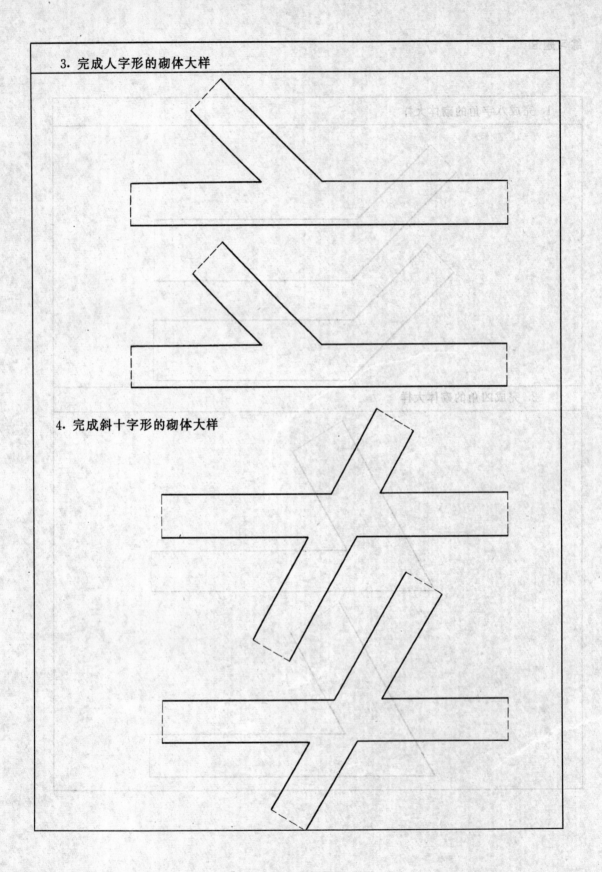

7.2 门窗异形洞口组砌大样

门窗异形洞口就是砖砌的门窗砖拱过梁，或因某种用途要在砌墙过程中，在墙体上留下各种各样的洞口，如圆形、六角形等。

砖砌拱过梁也称发碹，常见的异形洞口按形状可分为弧碹、半圆碹、鸡心碹、半椭圆碹等几种。

7.2.1 弧碹

弧碹的外形是圆弧形，起拱一般为跨度的 $\frac{1}{12} \sim \frac{1}{6}$，可用作跨度 2～3m 的过梁。拱砖应为单数，灰缝呈放射状，每道缝要与弧形模板对应点的切线垂直，下部灰缝不小于 5mm，上部灰缝不大于 15mm。跨度较大的弧形拱厚度常在一砖以上，砌筑时宜采用一碹一伏的砌法。图 7-22 为弧碹的立体图。

弧碹砌体大样的画法。

如图 7-23 所示，M 为圆心，s 为跨度，h 为起拱高度，一般为跨度的 $\frac{1}{12} \sim \frac{1}{6}$，$\alpha$ 为圆心角，当 $h=\frac{1}{6}s$ 时，$\alpha=74°$；$h=\frac{1}{7}s$ 时，$\alpha=64°$；$h=\frac{1}{8}s$ 时，$\alpha=56°$；$h=\frac{1}{9}s$ 时，$\alpha=50°$；$h=\frac{1}{10}s$ 时，$\alpha=45°$；$h=\frac{1}{11}s$ 时，$\alpha=41°$；$h=\frac{1}{12}s$ 时，$\alpha=38°$；d 为弧碹的高度。

当 $s=1200$mm，$h=\frac{1}{10}s=120$mm，$\alpha=45°$，$d=240$mm 时：

半径 $r = \frac{h}{2} + \frac{s^2}{8 \cdot h} = 60 + \frac{1200^2}{8 \times 120} = 1560$mm。

内圆弧长 $l_1 = \frac{2 \cdot r \cdot \pi \cdot \alpha}{360°} = \frac{2 \times 1560 \times 3.14 \times 45°}{360°} = 1225$mm；

外圆弧长 $l_2 = \frac{2(r+d) \cdot \pi \cdot \alpha}{360°} = 1413$mm；

砖数 $n = \frac{l_1 - 灰缝}{砖厚 + 灰缝} = \frac{1225 - 5}{53 + 5} \doteq 21.03$

$\doteq 21$（块）。

下部灰缝 $= \frac{l_1 - n \cdot 砖厚}{n+1} = \frac{1225 - 21 \times 53}{22} \doteq 5.1$mm；

上部灰缝 $= \frac{l_2 - n \cdot 砖厚}{n+1} = 13.6$mm。

根据以上计算数据 r、l_1、l_2、n 及上、下部灰缝宽，即可放大样，如图 7-22。

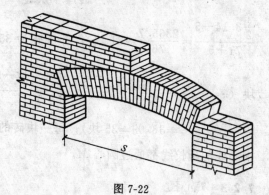

图 7-22

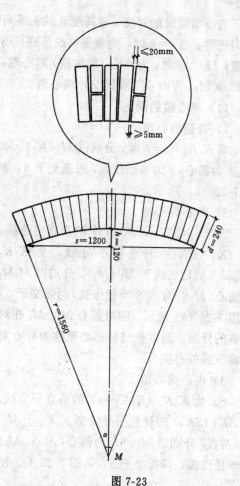

图 7-23

7.2.2 半圆碹

半圆碹的外形呈半圆形。

图 7-24 是跨度 $s=1510$mm,砖的外形尺寸为 240mm×115mm×71mm 的砖砌半圆碹的砌体大样图。从图中可以看出,半圆碹的内层砖为 31 块($n=\dfrac{\text{内弧长}-\text{灰缝}}{\text{砖厚}+\text{灰缝}}=\dfrac{\frac{s}{2}3.14-5}{71+5}=\dfrac{2365.7}{76}\approx31$ 块);外层砖为 35 块($n=\dfrac{\text{外弧长}-\text{灰缝}}{\text{砖厚}+\text{灰缝}}=\dfrac{\left(\frac{s+240}{2}\right)\times3.14-5}{71+5}=\dfrac{2747.5-5}{76}\doteq36.09\doteq35$ 块);每一块砖的中心线的延长线都通过圆心 M。

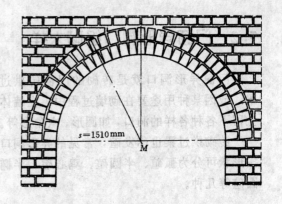

图 7-24

7.2.3 鸡心碹

鸡心碹接碹的跨度 s 与高度 h 的关系可分为三种:当 $s=h$ 时,为普通(或等高)鸡心碹;当 $h>s$ 时,为外心(或加高)鸡心碹;当 $s>h$ 时,为内心(或压缩)鸡心碹。

(1) 鸡心碹的画法

1) 普通鸡心碹

当 $K_1K_2=s=h$ 时,分别以 $M_1(K_1)$、$M_2(K_2)$ 为圆心,s 为半径作弧,两弧交于 S,如图 7-25(a)所示。

2) 外心鸡心碹

SB 为 K_1K_2($K_1K_2=s$)的垂直平分线。作 SK_2(SK_1)的垂直平分线,交 K_2K_1(K_1K_2)的延长线于 M_1(M_2)。分别以 M_1M_2 为圆心,M_1S、M_2S 为半径作弧,两弧交于 S,如图 7-25(b)所示。因为圆心 M_1、M_2 在鸡心碹的外面,所以把这种鸡心碹称为外心鸡心碹(或外心拱)。

3) 内心鸡心碹

SB 为 K_1K_2($K_1K_2=s$)的垂直平分线,作 SK_1(SK_2)的垂直平分线交 K_1K_2 于 M_1、M_2 两点,分别以 M_1、M_2 为圆心,M_1S、M_2S 为半径作弧,两弧交于 S,如图 7-25(c)所示。

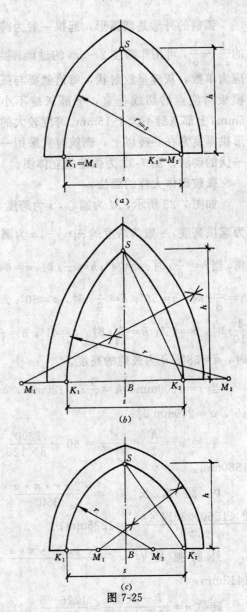

图 7-25

(2) 鸡心碹砌体大样的画法

如图 7-26 所示。

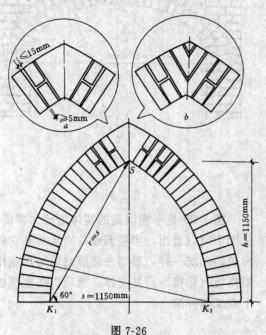

图 7-26

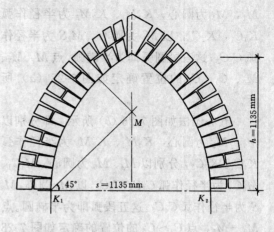

图 7-27

鸡心碹的跨度 $s=1150$mm，高度 $h=1150$mm，

$$内弧长 = \frac{2\times 1150\times 3.14\times 60°}{360°}\times 2 \doteq 2407\text{mm};$$

$$砖数\ n = \frac{内弧长-砖缝}{砖厚+砖缝} = \frac{2407-5}{53+5} \doteq 41.4 \doteq 41\ 块。$$

从图中可以看出：

a. 每一块砖的中心线的延长线都通过圆心 K_1 和 K_2；

b. 下部灰缝不小于 5mm，上部灰缝不大于 15mm；

c. 碹顶可以用一块特制的砖（图 7-26a）或用几块经过磨制的砖（图 7-26b）。

图 7-27 是跨度 $s=1135$mm，高度 $h=1135$mm，砖的外形尺寸为 240mm×115mm×71mm 的鸡心碹的砌体大样图。从图中可以看出，碹顶的砌法左右两边是不同的。右边是碹顶用一块特制的砖砌，砖缝对准圆心 K_1 的，左边则不同，如果没有特制的砖，则在碹顶下 1/4 处将砖缝对准 M 点，用普通砖砌。

7.2.4 半椭圆碹

半椭圆碹的外形呈半椭圆状，碹的跨度即是椭圆的长轴，碹的高度即是椭圆的短半轴。

半椭圆碹的画法一般有两种，一种是三心圆法，另一种是五心圆法。

三心圆法如图 7-28（a）所示，即分别以

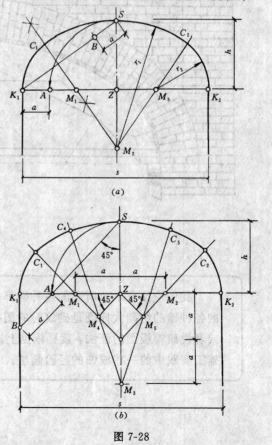

图 7-28

M_1、M_3 为圆心，K_1M_1、K_2M_3 为半径作弧 K_1C_1，K_2C_2，以 M_2 为圆心，M_2S 为半径作弧 C_1C_2，这三段圆弧即为半椭圆，点 M_1、M_2、M_3、C_1、C_2 的位置确定如图 7-28（a）所示。

五心圆法如图 7-28（b）所示，即分别以 M_1、M_2 为圆心，K_1M_1、K_2M_2 为半径作弧 K_1C_1，K_2C_2，分别以 M_4、M_5 为圆心，M_4C_1、M_5C_2 为半径作弧 C_1C_4，C_2C_5，以 M_3 圆心，M_3S 为半径作弧 C_4C_5。这五段弧即为半椭圆。点 M_1-M_5，点 $C_1\sim C_5$ 的位置的确定如图 7-28（b）所示。

图 7-29 是跨度 $s=1760\text{mm}$，高 $h=\frac{1}{3}s$，砖的外形尺寸为 240mm×115mm×73mm 的砖砌半椭圆碹的砌体大样图，从图中可以看出，半椭圆是用五心法画出。

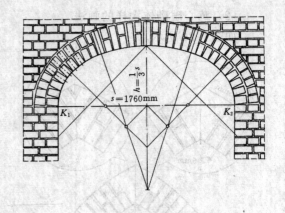

图 7-29

图 7-30 是半椭圆碹的实体组砌大样图。从图中可以看出，半椭圆碹的砌筑和其它各种碹的砌筑一样，要事先按照碹的外形制作碹模板（胎模）及其支撑，然后再在碹模板上砌筑各种碹。

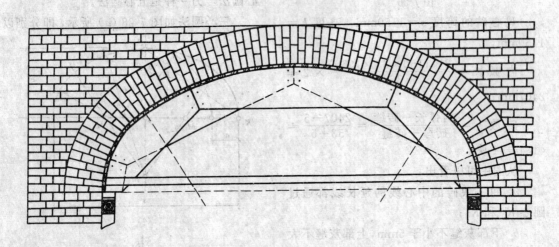

图 7-30

> 我们应注意本节所述的各种碹都是在同样形状的碹模板上砌筑的。那末上述的各种碹的组砌大样既是砌筑时的图样，也是制作碹模的图样。组砌大样的画法，或者说碹模板图的画法，就要依据上述的计算方法和作图方法。当然也可以参照施工实践中的一些成熟的经验画法。

7.3 花饰墙组砌立面图

花饰墙是建筑装饰的一个组成部分,在我国已有近两千年的漫长历史。我国历代的劳动人民在无数的建筑实践中创造了极其丰富的优美的具有民族风格的建筑花饰图案,并成为我国民族建筑形式的特征之一。

花饰墙起着分隔空间的作用,但又不隔断视线,同时还可以美化环境和丰富空间层次。花饰墙多用于公共建筑物的围墙,公园和庭院等处。低矮的花饰墙也可用于绿化地的护栏。

7.3.1 花饰墙的种类

花饰墙按使用材料可分为预制混凝土或水磨石花饰墙,砖砌花饰墙,小青瓦花饰墙等。也有使用琉璃、木、竹等材料的花饰墙。按空间类别和使用功能可分为室内花饰墙和室外花饰墙等。

(1) 预制混凝土(水磨石)花饰墙。

用混凝土或水磨石浇制而成的花饰组砌成的花饰墙具有经济、美观、便于批量生产的特点,如图 7-31 所示。

(2) 砖砌花饰墙

用普通砖组砌成各种美术图案的花饰墙。砖砌花饰的图案可以是富有阴影的立体图案,又可以是平整的平面图案。砖砌花饰墙也可以用特制的花格砖组砌而成,如图 7-32 所示。

(3) 小青瓦花饰墙

用小青瓦组拼成各种图案而砌成的花饰墙在我国已有悠久的历史。小青瓦花饰墙具有雅致、变化多样的特点,如图 7-33 所示。

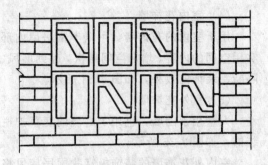

图 7-31 预制混凝土花饰墙

(a) 平面图案

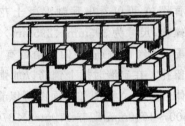

(b) 立体图案

(c) 花格砖

图 7-32 砖砌花饰墙

图 7-33 小青瓦花饰墙

(4) 室内花饰墙

用于室内的花饰墙，可以丰富房屋内部实用空间的内容，增加空间层次，起到屏风、隔断、装饰的效果，如图 7-34 所示。

(5) 室外花饰墙

大量用于围墙，也用于庭院的花草护栏装饰，如图 7-35 所示。

室内外花饰墙的装饰极富我国民族风格和园林化特点。它们在我国又各具地域性区别，千姿百态，饶有风趣，使环境更具精巧优雅温馨的艺术效果。

7.3.2 花饰墙的立面图

1. 预制混凝土（水磨石）花饰墙的立面图

图 7-36 是预制混凝土花格墙的详图。它包括立面图、平面图、剖面图和节点详图。从节点详图 A 可以看出预制混凝土花格的外形呈蝶状；尺寸为 395mm×295mm×60mm，内部配有 2ϕ4 的钢筋，在四个角留有 4 个 ϕ10 的预留孔，在砌墙时插上钢筋以加强花饰墙的整体性。从立面图和平面图可以看出，每隔 3600～4000mm 砌有 370mm×370mm 的砖柱，以保证墙体的稳定性。在砖柱右侧留有 120mm×120mm×240mm 的预留排水洞，以保证围墙内不积水。以立面图和 I—I 剖面图可以看出，墙的高度为 2300mm，其中墙高 1300mm 以下是用 MU10 的砖、M5 的水泥砂浆砌筑的一砖厚实体墙，上部是花饰墙，并在距地坪面上一皮砖处设 1∶2 水泥砂浆，加 5％防水剂，20mm 厚的防潮层。花饰墙基础的埋置深度为 600mm，基底宽度为 500mm。从节点详图 1 可以看出，为保证墙体的稳定性，在花饰墙的顶部用钢筋混凝土做成压顶。压顶的断面尺寸为 260mm×60mm，用 C20 混凝土现浇。压顶的内部沿墙身通长配置 3ϕ6 钢筋，分布钢筋为 ϕ6@200。

从图 7-37、图 7-38 中可以看出，每一种预制混凝土（水磨石）花饰都可以组砌成各种图案的花饰墙。

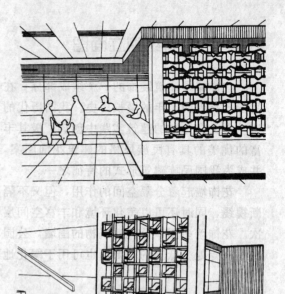

图 7-34 室内花饰墙

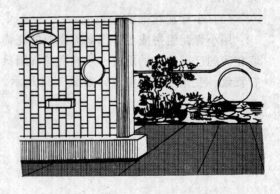

图 7-35 室外花饰墙

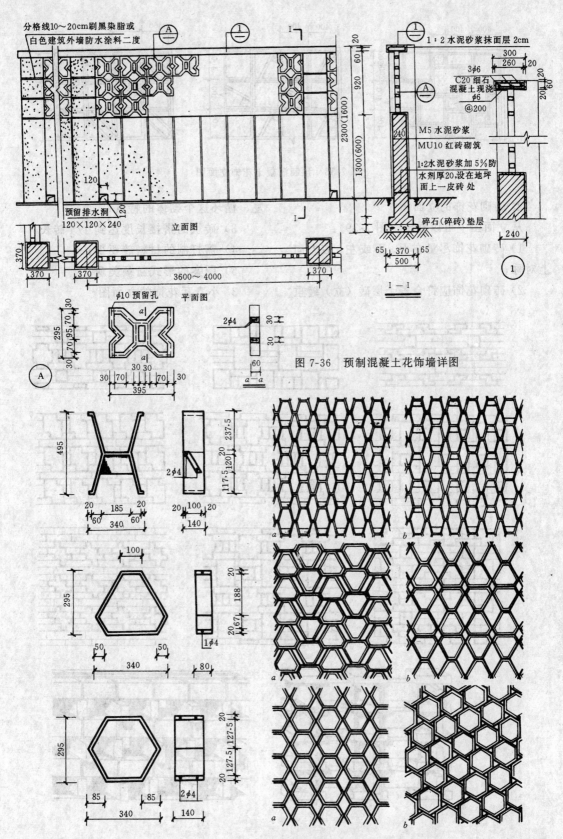

图 7-36 预制混凝土花饰墙详图

图 7-37 预制混凝土花饰立面图

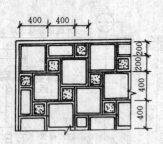 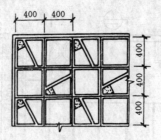 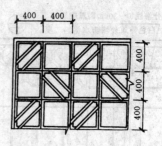

图 7-38　预制混凝土花饰立面图

2. 砖砌花饰的立面图

从立面图中可以看出（图 7-39）：

1）砖砌花饰尽量在上、下或左、右方向上对称；

2）砖砌花饰应符合若干层砖（立）缝重复、循环这个砌体的特点；

3）砖块的搭接长度达到 1/4 砖长；

4）需打制的材料砖要少；

5）图案的形式新颖美观。

3. 小青瓦花饰的立面图

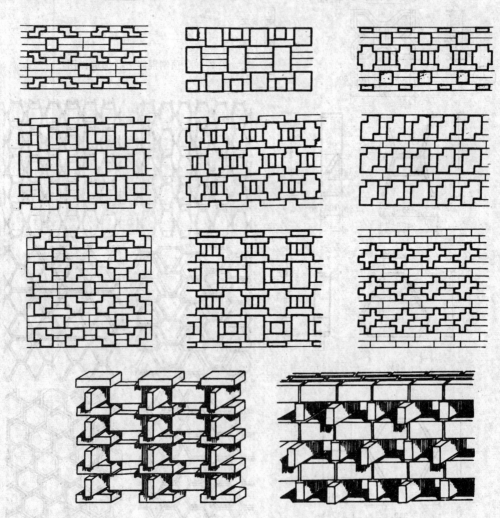

图 7-39　砖砌花饰的立面图

从图 7-40 中可以看出，小青瓦花饰的构成的特点是图案均衡、匀称，呈放射状，且图案形成一个中心式均匀分布。这是因为小青瓦花饰的砌筑和预制混凝土花饰和砖花饰不一样，一般不用或局部使用砂浆，而是利用小青瓦相互挤紧而形成整体。

图 7-40　小青瓦花饰的立面图

我们应注意花饰墙除了本节所述的预制混凝土、水磨石、砖砌、小青瓦花饰墙外，还有琉璃瓦及竹、木花饰墙或花格。所有花饰墙的下部都应是砖砌实体墙。

第8章 建筑构造基本知识与简单建筑设计

建筑构造是研究建筑物各组成部分的构造原理和构造方法的科学。构造原理是研究对房屋各组成部分的要求及构造理论；构造方法则是研究各相关基本构件、配件之间的连接方式和方法。

各种建筑，由于用途不同，它们的形式和构造各不相同，但一般都由基础、墙、楼地层、楼梯、门窗、屋顶六大部分组成，如图 8-1 所示。

基础是墙或柱下部的承重部分，承受房屋的全部荷载，并传给基础下面的地基。

墙或柱是竖向承重构件，它承受楼地层和屋顶传给它的荷载，并把这些荷载传给基础。除此之外，外墙还起围护作用，内墙还起分隔空间的作用。

楼地层是水平方向的承重构件，并在垂直方向将建筑空间分隔成若干层，承受着家具、设备、人体荷载及自重，并将这些荷载传给墙或柱。

楼梯是楼层间的垂直交通设施，供人们上下行走和紧急疏散用。

门窗是非承重的建筑配件，门是出入房屋或房间的通道，窗的作用是采光和通风。门窗安装在墙上又起着分隔空间和围护的作

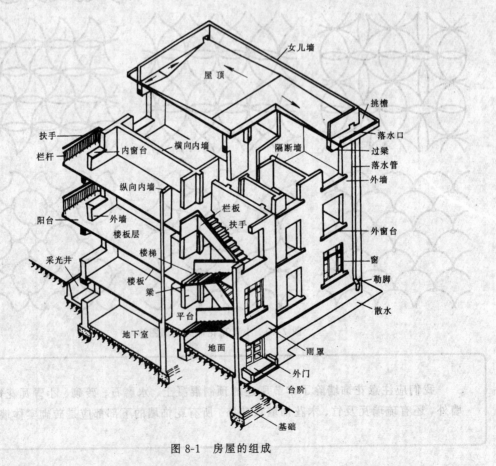

图 8-1 房屋的组成

用。

屋顶处于建筑物的最顶部,它和外墙组成建筑物的外壳,起围护作用,又起承重作用。

一般建筑除了上述主要组成部分外,还有一些为人们使用和建筑物本身所必需的构、配件,如台阶、勒脚、散水、雨篷、阳台、通风道、垃圾道、烟囱等。

8.1 地基与基础构造

8.1.1 地基的概念

地基是建筑物基础下面的土层,直接承受着由基础传来的建筑物的全部荷载,包括建筑物的自重和其他荷载。地基因此而产生应力和应变,并随土层深度的增加而减少,在到了一定的深度后就可以忽略不计。地基中直接承受荷载需要计算的土层称为持力层,持力层以下的土层称为下卧层,如图8-2所示。

地基分为天然地基和人工地基两大类。凡天然土层具有足够的强度能承受建筑物的全部荷载,不需经过人工改良或加固,可以直接在上面建造房屋的地基叫做天然地基。如岩石、碎石土、砂土、粘性土等均可作为天然地基。必须经过人工加固处理使其强度提高后才能承受建筑物全部荷载的地基叫做人工地基。采用人工加固地基的方法有土壤加固法、换土法、打桩法等几种。

虽然地基不是建筑物的组成部分,但它和基础一样,对保证建筑物的坚固耐久具有非常重要的作用。

8.1.2 基础的概念

基础是建筑物的地下部分,它的作用是将建筑物的自重及其荷载传给下面的地基。

基础的埋置深度(简称埋深)是指室外地面到基础底面的距离,如图8-3所示。基础的埋深要适当,既要能保证建筑物的安全耐

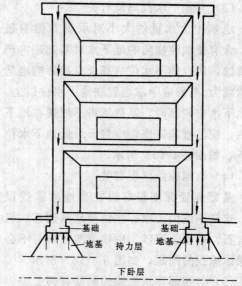

图 8-2 地基、基础与荷载的关系

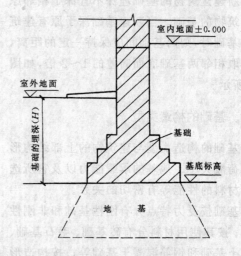

图 8-3 基础的埋置深度

久,又要节约基础的用料,做到经济合理。在一般情况下,基础的埋深应不小于500mm。基础的埋深对建筑物的耐久性、造价、工期、材料和施工技术(措施)等影响较大。基础的埋置深度和以下因素有关:

(1)与建筑物的地下部分构造有关

如建筑物是否设置地下室,有无设备基础和地下设施,以及基础平身的形式和构造等。

(2)与地基的土质情况有关

基础底面应设置在坚实可靠的土层上,而不要设置在耕植土、淤泥等软弱土层上。

(3) 与地下水位高低有关

地基土含水量的大小对承载力影响很大，含有侵蚀性物质的地下水对基础还将产生腐蚀，所以地下水位的高低直接影响地基的承载力。基础应争取埋置在地下水位以上。当地下水位较高时，基础不得不埋置在地下水内，应注意基础底面应置于最低地下水位之下，如图8-4（a）所示。

(4) 与冰冻线深度有关

基础埋置深度最好设在当地冰冻线以下，这样不致因土壤冻胀而使地基破坏。但对岩石、砂砾、粗砂、中砂类的土质可不必考虑冰冻线的问题，如图8-4（b）所示。

(5) 与相邻建筑设施的基础有关

新建建筑物的基础埋深不宜深于相邻原有建筑物的基础。当新建基础深于原有建筑物的基础时，则两基础间应保持一定的距离，一般取相邻两基础底面高差的1～2倍，如图8-5所示。

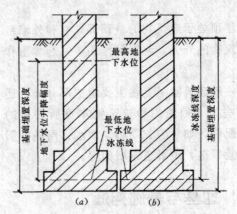

图8-4 基础埋深与地下水位、冰冻线的关系

8.13 基础的构造类型

基础的构造类型与建筑物的上部结构形式、荷载大小、地基的承载能力以及它所选用的材料的性能等有密切的关系。

基础按受力特点分有刚性基础和非刚性基础；按其使用材料分有砖基础、毛石基础、混凝土基础和钢筋混凝土基础等；按构造形式分有条形基础、独立基础、板式基础、箱形基础等。

(1) 条形基础

当建筑物的上部结构采用墙体承重时，下面的基础设置通常是连续的条形基础；若上部建筑结构为柱子承重或地基较弱时，基础也常做成带有地梁的条形基础，如图8-6所示。

1) 砖基础

砖砌条形基础由垫层、砖砌大放脚、防潮层、基础墙四部分组成，如图8-7所示。

基础垫层的设置主要是为了节省基础墙的材料，降低造价和便于施工，提高基础的

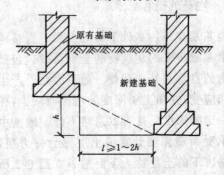

图8-5 相邻基础的关系

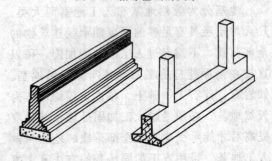

图8-6 条形基础

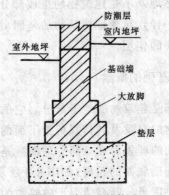

图8-7 砖基础的构造

承载能力。垫层的材料应因地制宜，其做法一般有灰土垫层（即由石灰粉和粘性土拌合并经夯实而成）、碎砖三合土垫层（即由碎砖、石灰粉和粘性细土拌合并经夯实而成）、混凝土垫层等。

砖砌大放脚在垫层的上方，基础墙的下部，其目的是增加基础底面的宽度，使上部荷载能均匀地传到地基上。大放脚的断面形式和砌法有等高式（即每两皮高放出 1/4 砖和间隔式（即每两皮高放 1/4 砖与每一皮高放 1/4 砖相间隔）。如图 8-8 所示。

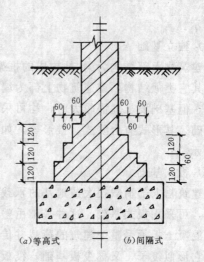

图 8-8 砖砌大放脚

垫层与基础大放脚在地基反力的作用下，会产生很大的拉力。当这个拉力超过基础材料的允许拉应力时，垫层和大放脚就会被拉裂。如果将基础结构中的悬臂的宽度和高度控制在某一角度之内，基础中大放脚和垫层则不会被拉裂。这个角（α）就称为刚性角。因此，用抗压强度较高，而抗拉强度较差的砖、石、混凝土等材料建造的基础受到刚性角的限制，称为刚性基础。不同的材料具有不同的刚性角。刚性角一般用宽高之比（B/H）表示，如砖为 1:1.5，毛石为 1:1.5，混凝土为 1:1，如图 8-9 所示。

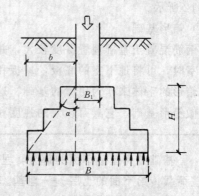

图 8-9 刚性基础的刚性角

由于砖基础的吸水性较大，为了防止土壤中的潮气沿基础上升影响墙面抹灰层，因此砖基础在室内地坪面以下 60mm 左右的水平位置设置防潮层。

基础墙是大放脚以上，防潮层以下的墙砌体，它承上启下，一般同上部墙厚，或大于上部墙厚。

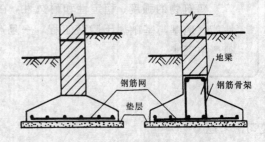

图 8-10 钢筋混凝土基础

砖砌条形基础构造简单，造价低，施工简便，但其强度、耐久性、抗冻性较差。一般多用于地基土质好，地下水位在基础底面以下，五层以下的混合结构的建筑。

2) 钢筋混凝土基础

当墙下条形基础的上部荷载很大，而地基的承载能力又很小时，可采用钢筋混凝土条形基础。由于这种基础底部配有钢筋，抗拉性能好，不受刚性角的限制，因此可以做得宽而薄。通常也将之称为柔性基础，如图

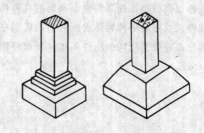

图 8-11 独立基础

8-10所示。

（2）独立基础

当建筑物上部结构为梁、柱构成的框架、排架及其它类似结构，或建筑物上部为墙承重结构，但基础要求埋深较大时，均可采用独立基础。其形式有台阶式、锥形等，如图8-11所示。

（3）板式基础

当建筑物上部荷载很大或地基的承载力很小时，可采用板式基础。这种基础由整片的钢筋混凝土板承受整个建筑的荷载并传给地基，它形似筏子，又称筏板基础。筏板基础的结构形式可分为板式和梁板式两大类，如图8-12所示。

（4）箱形基础

当钢筋混凝土基础埋置深度较大，并设有地下室时，可将地下室的底板，顶板和墙浇注成箱形的整体来作为房屋的基础。这种基础叫做箱形基础。它具有较大的强度和刚度，故常作为高层建筑的基础，如图8-13所示。

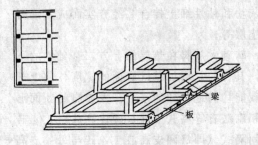

图8-12　板式基础

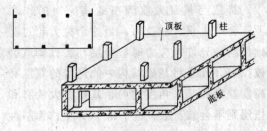

图8-13　箱形基础

> 基础是房屋最下面的部分，埋在地面以下，它承受房屋的全部荷载，并把这些荷载传给下面的土层——地基。基础是房屋的重要组成部分，应该坚固、稳定、能经受冰冻和地下水及其所含化学物质的侵蚀。
>
> 建筑物的强度、稳定性和耐久性，在很大程度上决定于地基与基础的质量和性能。地基与基础属于隐蔽工程，一旦产生问题，很难加固修理，因此对它们必须严格要求。

复习思考题

1. 什么是基础？什么是地基？它们之间有什么联系和区别？
2. 什么是基础的埋置深度？影响基础埋置深度的因素有哪些？
3. 基础如何分类？画草图说明基础的几种构造形式。
4. 砖砌大放脚有哪两种形式？它们的区别在哪里？
5. 为什么将砖基础叫做刚性基础，反而将钢筋混凝土基础叫做柔性基础？

8.2 墙体构造

8.2.1 墙体的种类

按墙体在建筑物中的位置、受力情况、构造方式、所用材料、施工方式可将其分成不同的类型。

(1) 按墙体在建筑物中的位置分

按墙体所处的位置不同,可分为外墙和内墙。凡位于建筑物四周的墙称为外墙,主要是用来抵御大自然的侵袭(挡风阻雨、隔热御寒),以保证室内空间的舒适。内墙是位于房屋内部的墙,主要作用是分隔室内空间,保证各空间的正常使用。

凡沿建筑物纵轴线方向的墙称为纵墙,沿横轴线方向的墙称为横墙。通常把外横墙称为山墙。

窗与窗或窗与门之间的墙称为窗间墙,窗洞下方的墙称为窗下墙,屋顶上高出屋面的部分称为女儿墙,如图8-14所示。

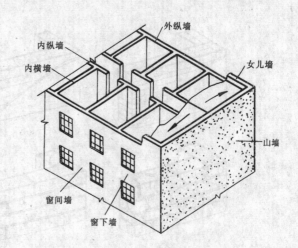

图 8-14 墙的种类(按墙体的位置)

(2) 按墙体受力情况分

按墙体受力情况的不同,可分为承重墙和非承重墙。凡直接承受上部楼(屋)盖及其它构件传来荷载的墙称为承重墙;凡不承受其它构件传来荷载的墙称为非承重墙。非承重墙又分为自承重、隔墙和填充墙等。自承重墙仅承受自身荷载而不承受外来荷载;隔墙主要用作分隔内部空间而不承受外力;填充墙用作框架结构中的墙体,如图8-15所示。

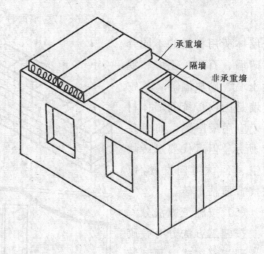

图 8-15 墙的种类(按受力情况)

(3) 按墙体构造方式分

按墙体构造方式可分为实体墙、空体墙、组合墙。实体墙为一种材料所砌成的实心无孔洞的墙体,如普通砖墙、毛石墙、实心砌块墙等;空体墙也称空心墙,是一种材料砌成的具有空腔的墙,如空心砖墙,空斗墙等。组合墙是由两种及两种以上的材料组合而成的墙,如图8-16所示。

(4) 按墙体材料分

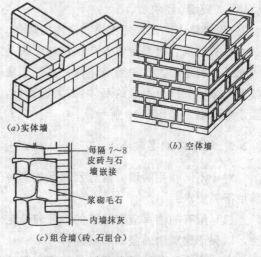

图 8-16 墙的种类(按构造方式)

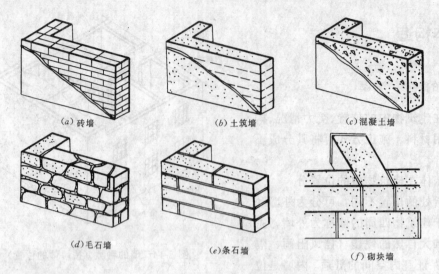

图 8-17 墙的种类（按墙体材料）

按墙体所用材料的不同分有砖墙、石墙、土墙、混凝土墙、砌块墙等，其中砖墙是国内传统的墙体材料，应用最广泛，如图8-17所示，但近代要求砖块向空、轻、大方向发展，以取代普通粘土砖。

(5) 按施工方法分

按施工方法分有叠砌式、现浇整体式、预制装配式等。叠砌式是用零散材料通过砌筑叠加而成的墙体，如砖墙、砌块墙、石墙等；现浇整体式是现场支模和浇注的墙体，如大模板建筑，滑模建筑等；预制装配式是将在工厂制作的大、中型墙体构件在施工现场用机械吊装拼合而成的墙体，如大板建筑，盒子建筑等，如图8-18所示。

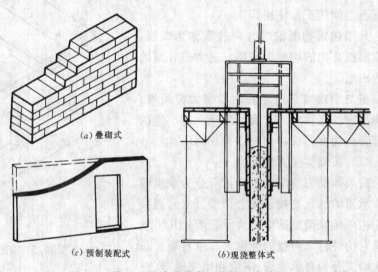

图 8-18 墙的种类（按施工方式）

8.2.2 对墙体的要求

对于不同作用的墙，应分别满足或同时满足下列要求：

(1) 所有的墙都应有足够的强度和稳定性，以保证建筑物的坚固和耐久。

(2) 建筑物的外墙必须满足防寒和隔热的要求，以保证房间内具有良好的气候条件和卫生条件。

(3) 要满足隔声的要求，以避免室外或相邻房间的噪声影响，从而获得安静的生活与工作环境。内墙特别是隔墙的隔声要求高于外墙。

(4) 要满足防火方面的要求。墙体材料的燃烧性能和耐火极限应符合防火规范的要求。在较大的建筑中，还要按防火规范的规定设置防火墙，将建筑划分为若干区段，以防止火灾的蔓延。

(5) 要适应建筑工业化的要求，尽可能

采用预制装配式墙体材料,为生产工厂化、施工机械化创造条件,以降低劳动强度,提高墙体施工的工效。

(6) 要减轻墙体自重,降低造价,不断采用新的墙体材料和构造方法。

除上述各项基本要求外,有些特殊建筑或房间还可能有防潮、防水、防腐蚀、防射线等特殊要求。

8.2.3 墙体细部构造

(1) 墙脚

墙脚通常是指室外地坪以上至室内地坪的那部分墙体。墙脚包括勒脚、散水、明沟、防潮层等部分。

1) 勒脚

外墙与室外地坪接触的部分叫勒脚。勒脚的作用一是保护接近地面的墙身不受雨、雪的侵蚀而受潮、受冻以致破坏;二是加固墙身,防止对墙身的各种机械性损伤;三是美观,对建筑物的立面处理产生一定的效果。

根据所用材料,勒脚一般采取抹水泥砂浆或水刷石等面层;对标准较高的勒脚可贴花岗岩、大理石等天然石材;也可适当增加勒脚墙的厚度或用石材代替砖砌成勒脚墙,如图 8-19 所示。

勒脚的高度一般应距室外地坪 500mm 以上,即与室内地面相平。如果考虑建筑立面造型的要求,常与窗台平齐。

2) 散水

散水一般设置在建筑物的四周和勒脚的外侧。散水的作用是排除勒脚附近从屋檐滴下的雨水,以保护墙基不受雨水侵蚀。

散水一般做法有混凝土散水、砖铺散水、块石散水等,如图 8-20 所示。

散水的宽度一般为 600~1000mm,并要求比采用无组织排水的屋顶檐口宽出 200mm。散水的坡度通常为 3%~5%。

3) 明沟

明沟的作用与散水相似,适用于室外有组织排水。

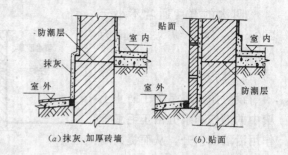

图 8-19 勒脚的构造

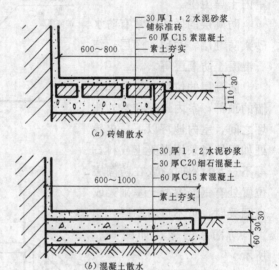

图 8-20 散水的构造

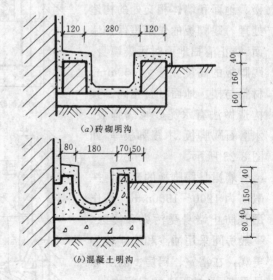

图 8-21 明沟的构造

明沟的一般做法有砖砌明沟、石砌明沟、混凝土明沟等,如图 8-21 所示。

明沟的宽度通常不小于200mm，沟底纵坡一般为0.5%～1%。

4）防潮层

设置防潮层是为了防止土壤中的潮气和水分由于毛细管作用沿墙面上升，从而提高墙身的坚固性和耐久性，并保持室内干燥卫生。

防潮层的做法通常有防水砂浆防潮层、油毡防潮层、细石混凝土防潮层等。

防潮层的位置一般在基础墙的顶部，室内地坪和室外地坪之间，室内地坪以下一皮砖处如果墙脚采用混凝土或料石等不透水材料时，或在防潮层位置处有钢筋混凝土基础梁或地圈梁时，可不设防潮层。

防潮层的做法如图 8-22 所示。

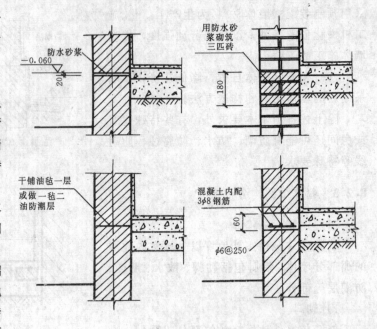

图 8-22　墙身防潮层的做法

（2）踢脚板、墙裙

踢脚板又称踢脚线，它是楼、地面和墙体相交处的构造处理。踢脚板的作用是保护墙面，防止清扫地面时污染墙身。踢脚板的高度一般为 150mm。材料与楼、地面材料相同。其构造做法有水泥砂浆踢脚板、水磨石踢脚板、木踢脚板等，如图 8-23 所示。

墙裙是踢脚板的延伸，一般高为 1200～1500mm。其作用是防止墙身受污染和侵蚀。一般房间采用油漆和涂料较为美观，在浴室、厨房、厕所等易受潮、易被污染的房间内，一般采用水泥砂浆、水磨石、面砖做墙裙。

（3）窗台

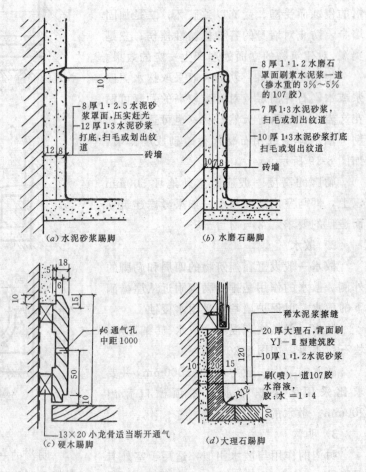

图 8-23　踢脚的构造

窗洞口的下部叫窗台。窗框外的叫外窗台，其作用是排除雨水，保护墙面；窗框内的叫内窗台。其作用是排除窗上的冷凝水，保护窗洞口下的内墙面，便于清洁，便于放置物品，同时还可以起到装饰的作用。

外窗台的做法一般有砖砌窗台和预制混凝土窗台。砖砌窗台又分平砌和侧砌窗台。砌好后用水泥砂浆勾缝的称清水窗台，用水泥砂浆抹面的叫混水窗台。混水窗台要抹出滴水槽或滴水斜面（又称鹰嘴线），可使雨水在滴水槽外侧或滴水斜面边缘滴下而不致于污染外墙面。砖砌窗台造价低，操作方便，故采用较多。

外窗台应挑出墙面60mm，并且有不少于5%的外倾坡度以利排水。

内窗台可用水泥砂浆抹面或预制水磨石板及木窗台板等做法。内窗台台面应高于外窗台台面。窗台的标高以内窗台为准。

窗台的构造如图8-24所示。

（4）门窗过梁

墙体上开设门窗洞口时，洞口上部的横梁叫做门窗过梁。过梁的作用是支承洞口上部的砌体及梁板传来的荷载，并将这些荷载传给洞口两侧的墙体（窗间墙），保护门窗不被压弯，压坏。常见的过梁有砖过梁、钢筋砖过梁和钢筋混凝土过梁。

1）砖过梁

是我国的传统做法，常用的形式有平拱砖过梁和弧形拱砖过梁。平拱砖过梁用砖侧砌而成，过梁的厚度同墙厚，高度为一砖或一砖半，过梁的跨度一般在1200mm左右，起拱高度为跨度的$\frac{1}{100} \sim \frac{1}{50}$；弧形拱砖过梁跨度在2000～3000mm，起拱高度较大，一般为跨度的$\frac{1}{15} \sim \frac{1}{10}$。

砖过梁的特点是不用钢筋，节省水泥，但施工较困难，并不宜用于上部有集中荷载和震动荷载以及地基承载能力不均匀的建筑物，也不宜用于地震区的建筑物，砖过梁如图8-25所示。

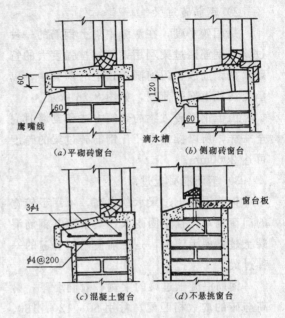

图8-24 窗台的构造

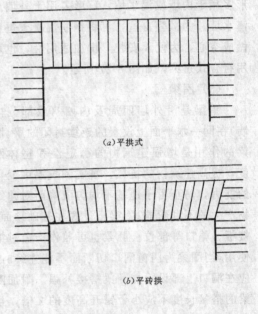

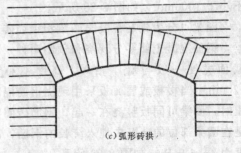

图8-25 砖过梁

2）钢筋砖过梁

是用砖平砌，在灰缝中加上钢筋的一种过梁。钢筋砖过梁利用钢筋抗拉强度大的特点，把钢筋放在门窗洞口顶上的灰缝中，以承受洞顶上部的荷载，如图8-26所示。

由于钢筋砖过梁的砌筑方法和砌墙时完全一样，所以操作方便。钢筋砖过梁的跨度可达2000mm。

3）钢筋混凝土过梁

钢筋混凝土过梁承载力高，可用于较宽的门窗洞口，且坚固耐久，其中预制钢筋混凝土过梁便于施工，是目前使用很普遍的一种过梁。

钢筋混凝土过梁的梁宽一般同墙厚，梁高与砖的皮数相匹配，常用60、120、180、240mm等。梁的断面形式有矩形和L形。矩形多用于内墙或混水墙，L形多用于外墙或清水墙。为减轻自重，可将钢筋混凝土过梁做成空心。为便于安装，增加适用性，也可用组合式过梁，如图8-27所示。

（5）圈梁

圈梁是沿外墙四周及内墙（或部分内墙）在同一水平面上设置的连续封闭的梁。圈梁的作用是增强建筑物的稳定性和整体刚度，提高建筑物的抗风、抗震和抗温度变化的能力，防止由于地基不均匀沉降而对建筑物产生的不利影响。圈梁常设置在基础顶面、楼板、檐口等部位。圈梁也可兼作门窗过梁使用，当圈梁为门窗洞口切断而不能连续时，应在洞口上部设附加圈梁搭接补强。附加圈梁的搭接长度不应小于错开高度的2倍，且不小于1000mm，如图8-28所示。

圈梁可分为钢筋混凝土圈梁和钢筋砖圈梁，钢筋混凝土圈梁分现浇和预制两种，其截面宽度一般与墙厚相同，高度不小于120mm。当楼板或屋面板采用现浇钢筋混凝土时，圈梁可同板整浇在一起。钢筋砖圈梁是在圈梁部位的砖墙中埋入统长的钢筋，高度为4~6皮砖，如图8-29所示。

（6）烟道、通风道、垃圾道

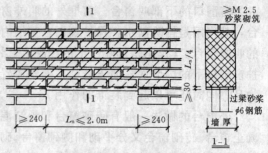

图8-26 钢筋砖过梁

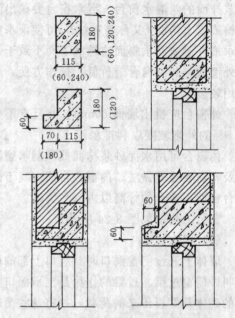

图8-27 钢筋混凝土过梁

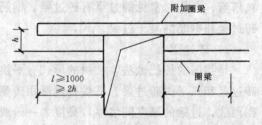

图8-28 附加圈梁

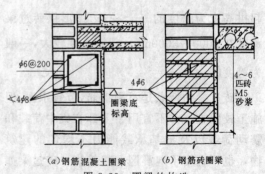

(a) 钢筋混凝土圈梁　　(b) 钢筋砖圈梁

图8-29 圈梁的构造

在有燃煤炉灶的建筑中，常在墙内或附墙上砌筑烟道，以排除炉内的烟雾和废气。在建筑物的厕所、厨房等处，均设置通风道，以加强空气对流，调节室内空气。

烟道和通风道是在墙身中留设垂直孔洞形成的。孔洞断面尺寸以通风量而定，一般不小于135mm×135mm。烟道和通风道一般是采用砖砌或钢筋混凝土预制装配件做成，要求其内壁平直光滑，有的采用砂浆或纸筋石灰抹面，如图8-30所示。

在多层和高层的民用住宅建筑内，为避免下楼倾倒垃圾，有的设置了垃圾道。垃圾道一般布置在楼梯间靠外墙附近。每层休息平台处都应设有可启闭的倒垃圾进口，垃圾经过管道落在底层楼梯间外墙旁的垃圾箱内，管道上部设有排气管和通风口并与室外相连，如图8-31所示。

（7）变形缝

墙体变形缝包括伸缩缝、沉降缝、抗震缝。在一般情况下，沉降缝可以与伸缩缝合并，抗震缝的设置也应结合伸缩缝、沉降缝的要求统一考虑。设置变形缝的条件及位置应符合国家有关规范的规定。

1）伸缩缝

又称温度缝。为了防止房屋在正常使用条件下，由温差和砌体干缩引起的墙体竖向裂缝应在墙体中设置伸缩缝。伸缩缝的宽度为20～30mm。伸缩缝从基础顶面开始，将墙体、楼地面、屋顶等全部断开，基础因埋在地下，受气候等影响小，可不断开。为避免风、雨对室内的影响，伸缩缝应砌成错口式。伸缩缝内填塞经防腐处理的可塑材料，如浸沥青的麻丝、橡胶条塑料条等。外墙面上用铁皮泛水盖缝，内墙面用木制盖缝条装修，如图8-32所示。

2）沉降缝

当建筑物的地基承载能力差别较大或建筑物相邻部分的高度、荷载、结构类型有较大不同时，为防止地基不均匀沉降而破坏，故应在适当的位置设置垂直的沉降缝。沉降缝

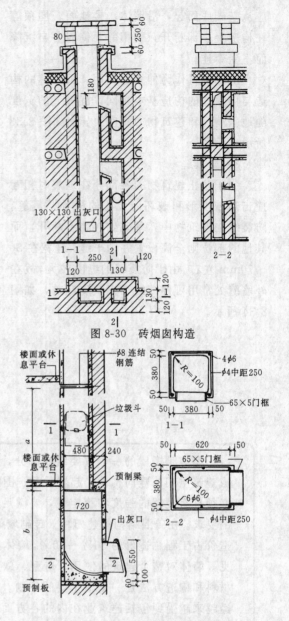

图8-30 砖烟囱构造

图8-31 预制钢筋混凝土垃圾道构造

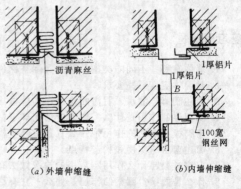

(a) 外墙伸缩缝　　(b) 内墙伸缩缝

图8-32 伸缩缝

应从基础底面起,沿墙体、楼地面、屋顶等在构造上全部断开,使相邻两侧能各自沉降而不受牵连。

沉降缝可作为伸缩缝使用。沉降缝的构造与伸缩缝的构造基本相同,沉降缝的宽度随地基情况和建筑物的高度而异,如图8-33所示。

3) 防震缝

为了防止建筑物的各部分在地震时相互撞击造成变形和破坏而设置的缝称防震缝,防震缝在建筑物中,基础处有的不断开,而其他的部位则全高设置并为平缝,缝宽在50～70mm左右。由于防震缝的缝隙较大,故在外墙缝处常用可伸缩的镀锌铁皮遮盖,如图8-34所示。

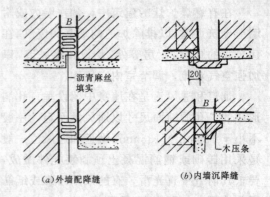

图 8-33 沉降缝

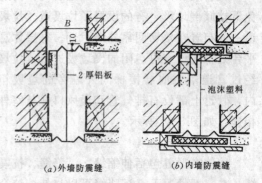

图 8-34 防震缝

> 墙体是房屋的一个重要组成部分,它上承屋顶,中搁楼板,下接基础,是组成建筑空间的竖向构件,起着承重、围护、分隔作用。由于这些作用,要求墙体必须具有足够的强度和稳定性,要满足热工、隔声、防火、防水、防潮等诸方面的要求。在砖混结构的建筑中,砖砌墙体的重量占建筑总重的40%～65%,墙体造价占工程总造价的30%～40%,墙体工程量占工程总量的40%～50%,由此可见,墙体对整个建筑的使用、造型、总重、成本影响极大。因此,如何选择墙体材料和构造方法是一个很重要的问题。目前,各种新型墙体材料的推广和使用已经越来越受到包括建筑业在内的各方面的高度的重视。

复习思考题

1. 墙体有哪些不同的类型?结合实际举例说明。
2. 对墙体应有哪些要求?
3. 简述勒脚、散水、明沟的作用和构造做法。
4. 防潮层的作用是什么?位置应如何确定?常用的构造做法有哪几种?
5. 踢脚板和墙裙的作用是什么?各有哪些构造做法?
6. 简述窗台的作用和构造特点。
7. 门窗过梁起什么作用?常用的构造做法有哪几种?
8. 什么是圈梁?圈梁的作用是什么?它有哪几种构造形式?
9. 变形缝有哪几种?它们的构造形式有哪些相同之处和不同之处?

8.3 楼板和楼地面构造

8.3.1 楼板的种类

根据所用材料的不同，楼板的类型主要有木楼板，砖拱楼板和钢筋混凝土楼板。

(1) 木楼板

木楼板自重轻、构造简单，但由于它不防火，耐久性差且耗用大量木材，目前极少采用，如图 8-35（a）所示。

(2) 砖拱楼板

砖拱楼板是用普通粘土砖或拱壳砖砌成，可以节约钢材、水泥、木材，但由于它抗震性能差，结构所占空间大，顶棚不平整，施工复杂，目前也很少采用，如图 8-35（b）所示。

(3) 钢筋混凝土楼板

钢筋混凝土楼板强度高，刚度好、耐久、防火性能好，便于工业化生产，是目前应用最广泛的结构形式。按施工方式它又分为现浇混凝土楼板和预制装配式钢筋混凝土楼板，如图 8-35（c）所示。

1) 现浇钢筋混凝土楼板

现浇钢筋混凝土楼板一般用 C15 或 C20 混凝土，配Ⅰ级或Ⅱ级钢筋，现场支模浇注而成。这种楼板具有成型自由，整体性强，防水性好，预留孔洞或设置预埋件较方便等特点，但耗用模板多，湿作业多，施工周期长，用在少数工程或防水、整体性要求高的部分。

常用的有板式楼板，梁板式楼板和无梁楼板。

板式楼板：是使钢筋混凝土楼板四周支承在墙上，多用于跨度较小的房间如厨房、厕所或走廊，如图 8-36 所示。

梁板式楼板：由板、次梁、主梁组成。主梁支承在墙或柱上，次梁支承在主梁上，板支承在次梁上，适用于跨度和面积都比较大的房间，如图 8-37 所示。

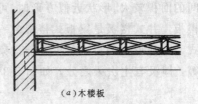

(a) 木楼板

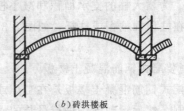

(b) 砖拱楼板

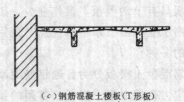

(c) 钢筋混凝土楼板（T形板）

图 8-35 楼板的种类

图 8-36 板式楼板

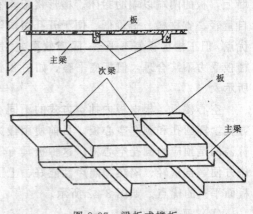

图 8-37 梁板式楼板

当房间的面积较大,形状近似方形时,可采用井式楼板,井式楼板是梁板式楼板的一种特殊形式。这种形式的特点是主梁与次梁的截面相等,即没有主次梁之分,如图8-38所示。

无梁楼板:是板直接支承在墙和柱上,不设梁的楼板。为增大柱的支承面积和减小板的跨度,可在柱顶加柱帽或柱托,如图8-39所示。

2) 预制装配式钢筋混凝土楼板

预制装配式钢筋混凝土楼板是在工厂或施工现场预制,然后运到现场进行吊装的楼板。这种楼板具有节约模板,湿作业少,工期短,可提高工业化施工水平的优点,是目前广泛使用的一种楼板。

预制钢筋混凝土楼板分为普通钢筋混凝土楼板和预应力钢筋混凝土楼板。常用的预制楼板,各地均有标准图集,可根据房间开间,进深尺寸和楼层的荷载情况进行选用。

(A) 预制板的种类

实心平板:用于跨度较小的走廊,平台等部位,板直接支承在墙或梁上,它造价低,施工方便,但隔声效果差,易漏水。如图8-40所示。

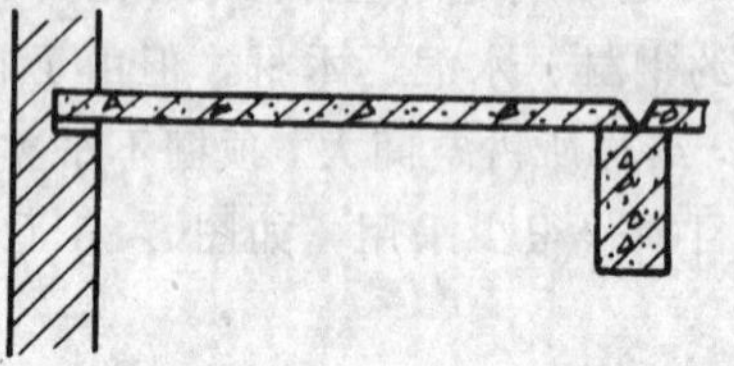

槽形楼板:是梁、板合一的构件,在板的两侧设有纵肋(肋相当于梁),构成槽形断面。依板的槽口向上和向下分别称为倒槽板和正槽板。为了提高板的刚度和便于支承在墙上,板的两端以端肋封闭。槽形楼板具有自重轻、省材料、造价低、便于开孔留洞等优点,但正槽板板底不平整,隔声效果差。反槽板受力不甚合理,但板底平整,如图8-41所示。

空心楼板:根据板内抽空方式的不同有方孔,椭圆孔和圆孔空心板。目前使用最为普遍的是预应力圆孔空心板。这种板具有制作方便,自重轻、隔热和隔声性能好、上下板面平整的优点。如图8-42所示。

(B) 预制板的布置

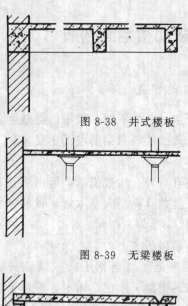

图8-38 井式楼板

图8-39 无梁楼板

图8-40 实心平板

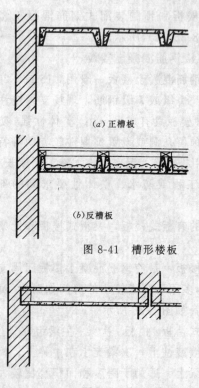

(a)正槽板

(b)反槽板

图8-41 槽形楼板

图8-42 空心楼板

布置预制板，首先应根据房间的开间和进深尺寸确定构件的支承方式，然后再根据预制板的规格合理安排，选择一种或几种板进行布置。在砖混结构的房屋中，根据墙体承重方式分为纵墙承重、横墙承重和纵横墙承重三种。而预制板则有相应的布置方式。当预制板直接搁置在墙上的称为板式结构；若预制板先搁置在梁上，梁再搁置到墙或柱上的称为梁板式结构。

对于一些房间的开间和进深尺寸都较小的建筑如住宅、宿舍、办公楼等，预制板可以搁置在纵墙上，如图 8-43（a）所示。也可以搁置在横墙上，如图 8-43（b）所示。对一些开间和进深都较大的房间如教学楼的教室和实验室等，通常有两种布置方式，可以设置横梁，纵向布置预制板，预制板搁置在横墙和梁上，此时内走廊的预制板一般搁置在纵墙上，如图 8-43（c）所示；也可以将预制板直接搁置在纵墙上，但这时板跨较长，一般在 6m 左右，如图 8-43（d）所示。

预制板支承在梁上时，梁的截面通常为矩形，预制板直接搁置在梁的顶面上；梁的截面也可以是花篮形，十字形，将板搁置在梁的牛腿上，这样梁的顶面与板的顶面平齐，减少了梁板所占的高度，提高了梁底标高，使室内净空增加，如图 8-44 所示。

预制板支承在墙上时，板的支承长度应不小于 100mm，为保证预制板的平稳安放，使之与墙有可靠的连接，在墙上要用厚度不小于 10mm 的水泥砂浆座浆。预制板支承在梁上时，也要座浆，支承长度应不小于 60mm。预制板在吊装之前，孔的两端应用砖块和砂浆或混凝土预制块堵塞住。

8.3.2 对楼板的要求

（1）楼板必须具有足够的强度和刚度

楼板作为承重构件，应有足够的强度以承受自重和使用荷载而不损坏，以确保安全。为保证正常使用，楼板还必须具有足够的刚度，使其在荷载的作用下不产生超过规定的

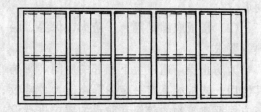

（a）纵墙承重（板式结构）

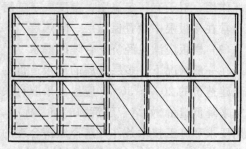

（b）横墙承重（板式结构）

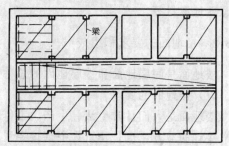

（c）纵横墙承重（梁板式结构）

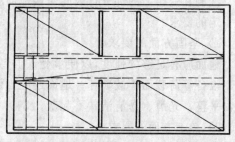

（d）大跨板式结构（纵墙承重）

图 8-43 预制板的布置

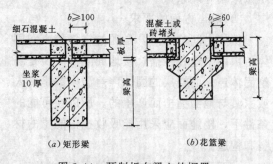

图 8-44 预制板在梁上的搁置

变形。

(2) 楼板应满足隔声、防火、保温、隔热等要求

为防止噪声通过上下相邻的房间,影响其使用,楼板应具有一定的隔声能力。楼板还应根据建筑物的等级和防火的要求进行设计,以避免和减少火灾的发生和对建筑物的破坏作用,对于有一定温度、湿度要求的房间,常在楼板层中设置保温层、隔热层。

(3) 楼板应满足经济、合理的要求

在一般情况下,多层房屋的楼板造价约占土建造价的20%~30%,应尽量采取有关措施来降低造价。如结合建筑物的质量标准、使用要求和施工技术条件,选择经济合理的结构形式,构造方案,在选择楼板材料时,应注意就地取材等。

8.3.3 楼地面的要求和组成

楼地面是底层地面和楼层地面的总称。

(1) 楼地面的要求

楼地面是人们日常生活、生产、工作时经常接触的地方,也是建筑物中直接经受摩擦、洗刷和受压力的部分,因此对楼地面应有一定的要求。

1) 坚固方面的要求

地面应有足够的强度,以便承受人群、家具、设备等荷载而不被破坏;地面还应当耐磨,平整,光滑,易清洁,不起灰。

2) 热工方面的要求

人站在地面上,地面便通过人的脚吸收人体的热量,使人感到不舒服。所以地面应尽量采用导热系数小的材料。

3) 隔声方面的要求

楼层之间的噪声,是通过空气传声和固体传声两个途径传播,楼地面隔声主要是隔绝固体声。而楼层的固体声声源多数是由人或家具与地面撞击而产生的。所以在可能的条件下,楼地面应采用能吸收撞击能量的材料和构造。

4) 应具有一定的弹性,使人在行走时不致有过硬的感觉。

5) 对特殊楼地面应有特殊的要求,如浴室、厕所、厨房要求楼地面耐潮湿,不透水;实验室则要求楼地面耐酸、耐碱、耐腐蚀。

(2) 地面的组成

地面一般由基层、垫层和面层三个基本构造层组成。当基本构造层不能满足使用和构造要求时,可增设其他附加构造层,如找平层、结合层、防水层、防潮层等,如图8-45所示。

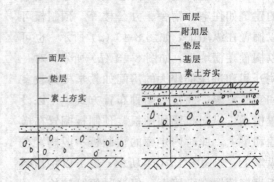

图 8-45 地面的组成

基层:是地面最下面的土层即地基,它应具有一定的耐压力。对较好的土层或上部荷载较小时,一般采用素土夯实;当土层较弱时或上部荷载较大时,可对基层进行加固处理,即掺入碎砖、石子等骨料夯实。

垫层:是位于基层与面层之间的结构层。它承受着面层传来的荷载,并将荷载均匀地传到基层上去。垫层要有足够的厚度并坚固耐久。垫层分刚性垫层和柔性垫层两种。刚性垫层有足够的整体刚度,受力后变形很小,常用等级较低的混凝土如C10、碎砖三合土做成,常用于整体面层和薄而脆的块材面层的地面中,如水磨石地面,锦砖地面,缸砖地面等。柔性垫层整体刚度小,受力后易产生变形,常用砂、碎石、矿渣等做成,常用于面层材料厚且强度较高的地面中,如砖地面、预制混凝土板地面等。

面层:是人在使用时直接接触的地面表面层。它直接经受摩擦,洗刷和承受各种物理、化学作用。根据不同的使用要求,面层

应具有耐磨、不起尘、平整、防水、有弹性、吸热少等性能。面层可按使用材料和施工方法分类，如按使用材料分有塑料地面层、木板面层、水泥制品面层等。按施工方法分有整体面层和块料面层。整体面层如水泥砂浆面层，水磨石面层等；块料面层如地面砖、锦砖、缸砖面层等。

（3）楼面的组成

楼面是由面层、结构层和顶棚三部分组成，如图 8-46 所示。

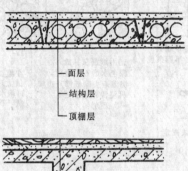

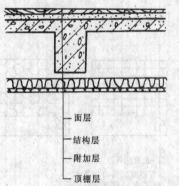

图 8-46 楼面的组成

面层：楼面的面层厚度一般较薄，不能承受较大的荷载，必须做在坚固的楼板结构层上，使楼面荷载通过面层直接传给楼面结构层承受。由于面层直接与人和家具、设备接触，必须坚固耐磨，具有必要的热工、防水、隔声等性能及光滑平整。

结构层：又称承重层，由梁、板等承重构件组成。它承受本身的自重及楼面上部的荷载，并把这些荷载通过墙或柱传给基础，同时对墙身起着水平支撑作用，以加强房屋的整体性和稳定性。因此要求结构层具有足够的强度和刚度，以确保安全和正常使用。一般采用钢筋混凝土为结构层的材料。

顶棚：又称天花板，在结构层的底部。根据不同建筑物的使用要求，可直接在楼板底面粉刷（抹灰或喷浆），也可以在楼板下部空间作吊顶。顶棚必须表面平整、光洁、美观，有一定的光照反射作用，有利于改善室内亮度。

由于各种建筑物的功能不同，可以根据需要在楼板层里设置附加层。如需加强防水时，可设防水层；如需加强保温时，可设保温层；为了美观而要掩盖设备管道，还可附设管道敷设层等。

8.3.4 常用楼地面构造做法

（1）水泥楼地面

又称水泥砂浆楼地面。面层的做法一般是用 10～20mm 厚 1：2 或 1：2.5 水泥砂浆抹面并压光。水泥楼地面施工方便，造价低，但热工性能较差，易反潮，积灰，是目前应用最广泛的低档地面。目前常在水泥楼地面面层上刷油漆或涂料以提高水泥楼地面的舒适性，如图 8-47 所示。

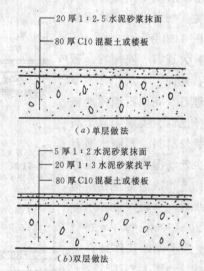

图 8-47 水泥砂浆楼地面

（2）细石混凝土楼地面

细石混凝土楼地面是在楼地面结构层上浇捣 C20 细石混凝土 20～40mm 厚。施工时用木板拍浆或铁滚压出浆。为提高其表面耐磨性和光洁度,可撒1:1的水泥砂抹压光。这种楼地面具有整体性好、造价低、不易起砂的优点,如图8-48所示。

(3) 水磨石楼地面

水磨石楼地面是在结构层上抹10～15mm厚1:3水泥砂浆找平层,在找平层上有规则的镶嵌玻璃条或金属条,再用厚10mm的1:1.5～2.5的水泥石子抹面,待结硬后用水磨石机加水磨光。这种楼地面具有强度高、平整光洁、不起尘、易于清洁等优点,如图8-49所示。

(4) 地面砖、锦砖、缸砖楼地面

地面砖、锦砖、缸砖等陶瓷制品的地面是在结构层找平的基础上,用15～20mm厚1:2水泥砂浆铺平拍实,砖块间灰缝宽度约3mm,用水泥擦缝,如图8-50所示。

(5) 大理石、花岗石、预制水磨石地面

大理石及花岗石板质地坚硬,色泽艳丽、美观,属于高档地面装修材料。预制水磨石板可减少现场湿作业,施工方便。其构造作法通常是在结构层上洒水湿润并刷一道素水泥浆,用20～30mm厚1:3～1:4干硬性水泥砂浆作结合层铺贴板材,如图8-51所示。

(6) 木地面

木地面有空铺和实铺两种做法。

空铺地面是将木搁栅架空,使其不与基层接触,空铺木地面耗用木材多,防火性能

图8-48 细石混凝土楼地面

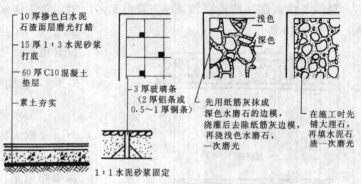

图8-49 水磨石楼地面

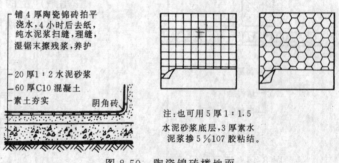

图8-50 陶瓷锦砖楼地面

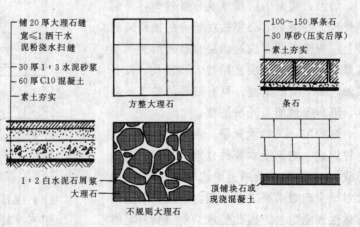

图8-51 大理石、花岗岩地面

差，除高级装饰要求的房间和林区外已很少采用。

实铺木地面是在结构层上设置木龙骨，在龙骨上钉木地板的地面。龙骨断面一般为50mm×50mm，中距400mm，每隔800mm左右设横撑一道。底层地面为了防潮，需在垫层上刷冷底子油和热沥青各一道。木地面有单层和双层两种做法。单层木地面常用18～23mm厚的木企口板；双层木地面是用20厚的普通木板与龙骨成45°方向铺钉，面层用硬木条，形成拼花木地面。硬木地面也可直接用石油沥青、聚胺脂等胶结材料将硬木地板粘贴在找平层上，如图8-52所示。

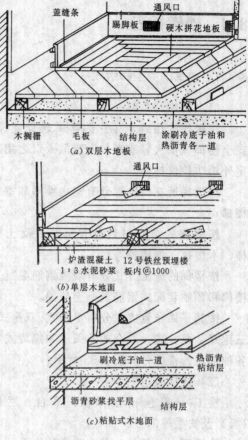

图8-52 木地面

> 楼板层是楼房中的水平分隔构件，它与墙体（竖向分隔构件）一起构成了建筑物众多的可利用的空间——房间。楼板又是承重构件，承受着自重和楼板层上的全部荷载，并将这些荷载传给墙或柱，同时楼板还对墙体起着水平支撑的作用。地层是建筑物中与土层相接触的水平构件，承受着作用在它上面的各种荷载，并直接传给地基。
>
> 楼地面是房屋中与人接触最多的地方，因此楼地面除了应有足够的强度、平整、耐磨等要求外，还要特别注意要有舒适感。不同等级的建筑对楼地面有不同的隔音、保温、隔热、防火及防腐蚀等要求。

复习思考题

1. 简述楼板的种类。
2. 现浇钢筋混凝土楼板有何特点？常用的有哪几种？构造上各有什么特点？
3. 预制钢筋混凝土楼板有何特点？常用的有哪几种？它们各有什么特点？
4. 预制楼板有哪几种布置形式？
5. 对楼板应有哪几方面的要求？
6. 地面和楼面各有哪几部分组成？
7. 简述几种常用的楼地面的构造做法。

8.4 楼梯构造

8.4.1 楼梯的类型和组成

(1) 楼梯的类型

按楼梯的用途分有主要楼梯、辅助楼梯、安全楼梯（供火警或事故时疏散人口之用）、室外消防检修梯等；

按楼梯所在的位置分有室内楼梯和室外楼梯；

按楼梯的结构材料分有钢筋混凝土楼梯、木楼梯、钢楼梯等；

按楼梯的施工方式分有现浇钢筋混凝土楼梯和预制装配式钢筋混凝土楼梯。

按其平面布置方式分有单跑式、双跑式、三跑式、双分式、双合式及弧形和螺旋式等各种形式的楼梯，如图8-53所示。

(2) 楼梯的组成

楼梯一般包括楼梯段、平台、栏杆（板）及扶手等部分。

楼梯段：是倾斜并带有踏步的构件，它连接楼层（平台）和中间平台，是楼梯的主要部分。楼梯段的宽度应根据人流量的大小和安全疏散的要求来决定。楼梯段踏步的数量一般不超过18级。

平台：是位于两个楼梯段之间的水平构件，主要作用是转向、缓冲、休息，平台板的宽度应不小于楼梯段的宽度。

栏杆（板）和扶手：是设在楼梯段和平台边缘的围护构件。通常楼梯段的一侧靠墙，另一侧临空，为保证安全，需在临空的一侧设栏杆或拦板，如图8-54所示。

8.4.2 预制装配式钢筋混凝土楼梯的构造

装配式钢筋混凝土楼梯是将组成楼梯的各构件在预制厂或施工现场进行预制，再到现场安装。装配式钢筋混凝土楼梯可以提高建筑工业化的程度，减少现场湿作业，加快施工速度。但楼梯的造型和尺寸将受到局限，

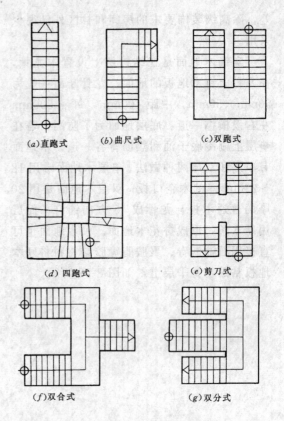

图8-53 楼梯平面式样

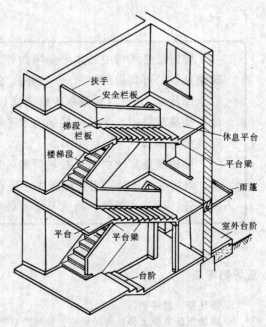

图8-54 楼梯的组成

并且施工现场还应具有一定的吊装设备。

预制装配式钢筋混凝土楼梯按楼梯构件尺寸的不同、施工现场吊装设备能力的不同

可分为小型构件装配式楼梯和大中型装配式楼梯两类。

(1) 小型构件装配式楼梯

小型构件装配式楼梯是将踏步、斜梁、平台梁、平台板分别预制,然后进行装配。它具有构件小而轻,制作容易,便于安装的优点。但由于构件数量多,现场湿作业也较多,施工速度相对较慢,通常用于施工机械化程度较低的建筑物中。

小型构件装配式楼梯按构造方式有梁承式、墙承式和悬挑式。

1) 梁承式楼梯

梁承式楼梯由踏步、斜梁、平台梁、平台板组成。预制踏步搁置在斜梁上面形成梯段。斜梁搁置在平台梁上,平台梁搁置在楼梯间的墙上,平台板搁置在平台梁上和楼梯间的纵墙或横墙上。

预制踏步可以做成一字形,L形和三角形。斜梁的截面可做成矩形,L形和锯齿形。矩形和L形斜梁用于支承三角形踏步板;锯齿形斜梁用于支承一字形和L形踏步板。如图8-55所示。

2) 墙承式楼梯

墙承式楼梯是把预制的踏步板直接搁置在两侧墙上构成楼梯段。用承重墙代替斜梁来支承踏步板。在砌筑墙体时,随砌随安放踏步板。因此墙承式楼梯具有造价低、施工方便的特点,常用在标准较低的民用建筑中。

预制踏步可为一字形和L形。因楼梯间中央的楼梯墙挡住了上下人流的视线,可在楼梯墙上开设漏窗,以利行人察觉避让。如图8-56所示。

3) 悬挑式楼梯

悬挑式楼梯是将预制钢筋混凝土踏步板(L形或一字形)的一端砌在楼梯间的侧墙内,另一端悬挑,并安装栏杆。悬挑式楼梯通常不设梯梁和平台梁,因此构造简单、用料省、自重较轻,同时占有空间少,外形较美观,是目前民用建筑中常用的一种楼梯。但因是悬臂结构,楼梯的宽度不宜太大,一般

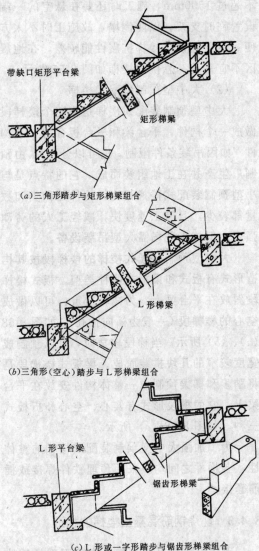

(a) 三角形踏步与矩形梯梁组合

(b) 三角形(空心)踏步与L形梯梁组合

(c) L形或一字形踏步与锯齿形梯梁组合

图 8-55 梁承式楼梯

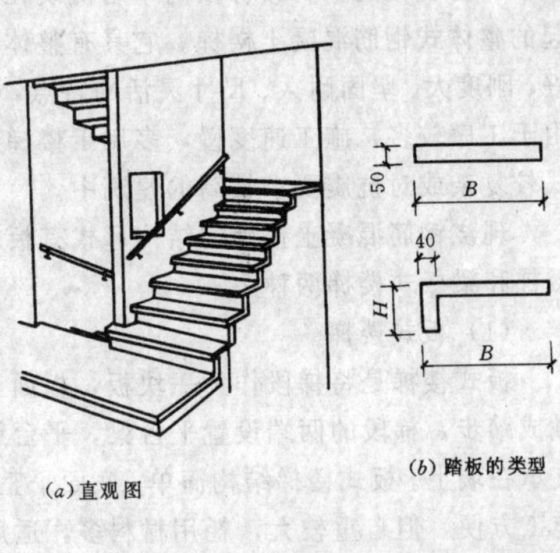

(a) 直观图

(b) 踏板的类型

图 8-56 墙承式楼梯

不超过1500mm，施工时还要在悬空的一端设置临时支架，以防倒塌，故施工时不太方便。由于悬挑式楼梯抗震性能较差，在地震区不宜采用。悬挑式楼梯如图8-57所示。

（2）大中型预制装配式楼梯

大中型预制装配式楼梯是将整个楼梯段做成一个构件，平台梁和平台板合为一个构件（如因吊装条件限制，也可以分开），由预制厂生产并在工地组装而成。它的特点是与小型预制装配式楼梯相比，构件的种类和数量都较少，且施工速度快，减轻工人的劳动强度，但施工现场需大型吊装设备。

大中型预制装配式楼梯的楼梯段按其构造形式有板式和梁板式两种类型。板式楼梯段斜放在平台梁上。为减轻自重，可以做成空心的楼梯段（一般为横向抽孔），如图8-58（a）、（b）所示。当梯段较宽时，可以预制成宽度较窄的几块拼装而成。梁板式楼梯段是将踏步和梯梁预制成一整体构件安放在平台梁上。它的梯段形式有实心、空心和折板式三种，如图8-58（c）所示。

为了加强大中型预制装配式楼梯的整体性，各构件之间均应采用预埋铁件焊接或插筋套接。

8.4.3 现浇钢筋混凝土楼梯的构造

现浇钢筋混凝土楼梯是在施工现场就地支模、绑扎钢筋，将楼梯段与平台浇筑在一起的整体式钢筋混凝土楼梯。它具有整体性好、刚度大、坚固耐久、尺寸灵活的特点，但由于工序较多，施工速度慢，多用于楼梯形式较复杂或对抗震要求较高的建筑中。

现浇钢筋混凝土楼梯的结构形式有板式楼梯和梁板式楼梯两种。

（1）板式楼梯

板式楼梯是将梯段作为一块板，板面上做成踏步，梯段的两端设置平台梁，平台梁支承在墙上。板式楼梯结构简单、底面平整、施工方便，但自重较大，耗用材料多，适用于楼梯段跨度及荷载较小的楼梯，如图8-59

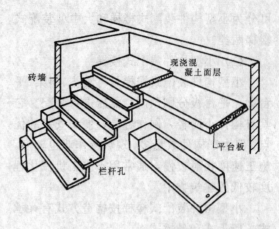

图8-57 悬挑式楼梯

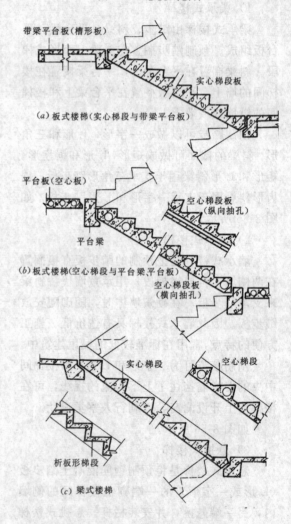

图8-58 大中型预制装配式楼梯

所示。

（2）梁板式楼梯

梁板式楼梯是指梯段中设有斜梁的楼

梯。斜梁支承在平台梁上，平台梁支承在墙上。斜梁一般有两根，按斜梁的位置的不同有暗步和明步之分。明步是将斜梁设置在踏步板之上，如图8-60（a）所示，暗步是使斜梁和踏步板的下表面取平，如图8-60（b）所示。梁板式楼梯受力较好，用材比较经济，但模板较复杂，适用于各种长度的楼梯。

8.4.4 楼梯的细部构造

（1）踏步

踏步由踏面和踢面组成。踏步的断面呈三角形，一般情况下踏面与踢面的比例以2：1为宜。为不增加楼梯长度，扩大踏面宽度，使行走舒适，常在边缘突出20mm，或向外倾斜20mm，形成斜面，如图8-61所示。

踏步的面层应耐磨、美观、防滑。面层的常用做法有水泥面、水磨石面，各种人造石材和天然石材面等，如图8-62所示。

为了上下楼梯的安全，踏步表面应有防滑措施，一般有踏步口做防滑条或防滑槽。

防滑条可用水泥铁屑、水泥金刚砂、马赛克及铜、铝金属条等摩擦阻力大的材料做成。

防滑条要求高出面层2~3mm，宽10~20mm。

踏步的防滑处理如图8-63所示。

（2）栏杆和栏板

栏杆和栏板是在楼梯和平台临空一边所设置的围护构件，是保证安全的装置，并起到一定的装饰作用。

栏杆是透空构件，常用扁钢、圆钢、方钢等制作，如图8-64所示。栏板是不透空构件，常用砖砌筑或用预制或现浇钢筋混凝板做成，如图8-65所示。

栏杆和栏板的高度一般为900mm。

楼梯与栏杆的连接方式为在所需部位预埋铁件或预留孔洞，将栏杆焊在楼梯段的预埋铁件上或插入楼梯段的预留洞内，然后用细石混凝土固定。

（3）扶手

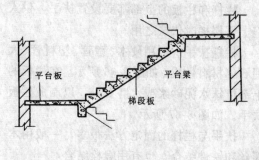

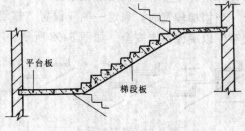

图8-59 现浇钢筋混凝土板式楼梯

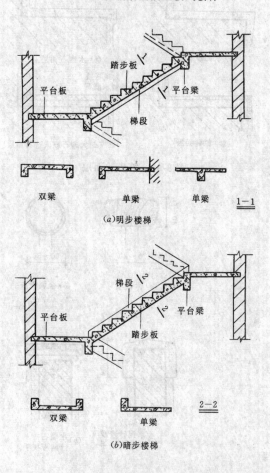

图8-60 现浇钢筋混凝土梁式楼梯

栏杆和栏板的上部都要设置扶手,供人们上下楼梯时依扶之用。

栏杆扶手一般用硬木、钢管、塑料管、大理石等材料做成,如图8-66所示。在栏板的上部可抹水泥砂浆或水磨石等,以制成栏板扶手。如图8-67所示。

扶手与栏杆的固定方法很多,一般用木螺丝和铁件结合,也有用螺栓结合。

当楼梯较宽时,靠墙一侧应设置"靠墙扶手"以确保行走安全。如图8-68所示。

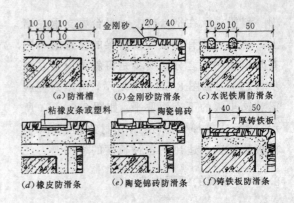

图 8-63 踏步的防滑处理

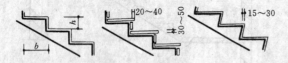

图 8-61 踏步的尺寸

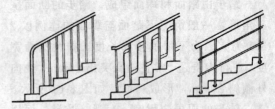

图 8-64 金属栏杆

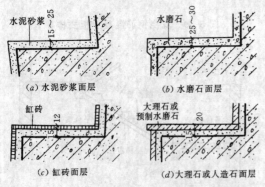

图 8-62 踏步的面层

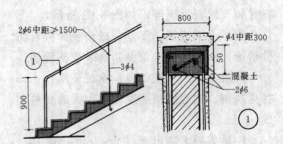

图 8-65 砖砌栏板

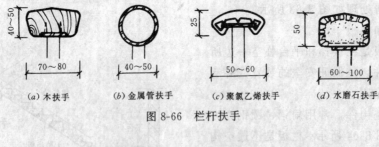

图 8-66 栏杆扶手

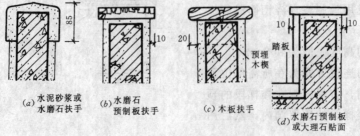

图 8-67 栏板扶手

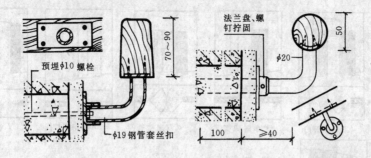

图 8-68 靠墙扶手

在二层以上的楼房中，楼梯、电梯、自动扶梯、坡道、爬梯等是联系上下各层的垂直交通设施，其中楼梯是使用最为广泛的。楼梯经常有大量的人流通过，所以要求有足够的坚固性和耐久性，还要有一定的疏散、防火能力，钢筋混凝土楼梯的耐火、耐久性能均比钢楼梯、木楼梯等其他材料楼梯要高，故在一般建筑中钢筋混凝土楼梯的采用最为普遍。

复习思考题

1. 楼梯有哪些不同的类型？结合实际举例说明。
2. 楼梯有哪几部分组成？各部分起什么作用？
3. 预制装配式钢筋混凝土楼梯与现浇钢筋混凝土楼梯有何区别？它们各有什么特点？
4. 装配式楼梯有哪几种？它们有什么不同？
5. 板式楼梯和梁板式楼梯构造上有何区别？
6. 楼梯踏步的防滑措施有哪几种？具体做法如何？
7. 简述栏杆、栏板和扶手的类型及连接方式。

8.5 门窗构造

8.5.1 门的种类与构造

（1）门的种类

按门所在的位置可分为外门和内门。外门是位于外墙上的门，是建筑物立面处理的重点之一。内门是位于内墙上的门。

按门的构造材料可分为木门、钢门、铝合金门、塑料门、玻璃钢门等。木门使用最为普遍，由门扇的构造不同又可分为夹板门、镶板门、拼板门等。钢门和铝合金门现在也广泛使用。

按门的开启方式可分为平开门、推拉门、弹簧门、折叠门、转门、卷帘门、上翻门、上提门、下滑门等。使用最多的是平开门。平开门水平开启，铰链安装在侧边，有单扇、双扇、内开、外开之分。平开门构造简单、开启灵活，制作、安装和维修均较为方便，如图 8-69 所示。

按门的控制方式可分为手动门、传感控制自动门等。

为满足建筑上的特殊要求，还有保温门、隔声门、防火门、防X射线门、防爆门等。

（2）门的构造

1）木门

木门一般由门框、门扇、亮子（亦称腰

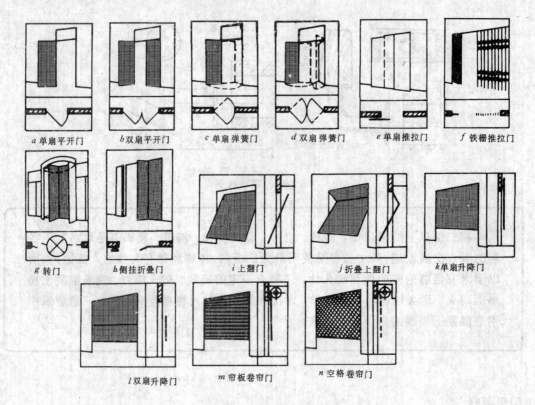

图 8-69 门的开启方式

窗)、五金零件等部分组成。有的门还有贴脸、筒子板等部分，如图 8-70 所示。

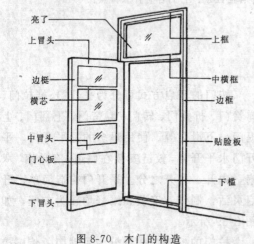

图 8-70 木门的构造

（A）门框：又称门樘，由两根边框和上框（又称上冒头）组成，有亮子的门还有中横框。门框的安装有先砌墙留洞，后安装门框的塞口法和先安装门框后砌墙的立口法，如图 8-71 所示。门框与墙洞口的相对位置有外平齐、内平齐，也可使门框位于墙身中间，

如图 8-72 所示。门框与砖墙的连接方式最常用的是在砖墙内预埋防腐木砖，用铁钉将门框钉在木砖上。门框与墙体的缝隙用贴脸板盖缝、木压条压缝或设筒子板进行处理。

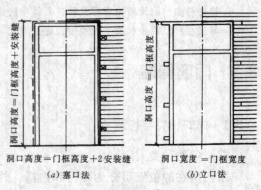

图 8-71 门框安装方法

（B）门扇：各种不同的门其主要区别在于门扇。门的名称是由门扇的名称决定的，门扇名称反映了它的构造。门扇一般由上、中、下冒头，边梃、门芯板、玻璃等组成，如图 8-70 所示。平开木门常用的门扇有镶板门、夹板门、拼板门等几种。

镶板门是最常见的一种门扇。由骨架和门芯板组成。门芯板一般采用厚度为10～15mm的木板拼成整块，也可以采用多层胶合板、硬质纤维板等材料。门芯板要镶入骨架，冒头与边梃都应裁口，或用木条压钉。如将镶板门中的全部门芯板换成玻璃，即为玻璃门。如将部分门芯板换成玻璃，即为半截玻璃门。镶板门的构造如图8-73所示。

等，用胶结材料粘贴在骨架上，四周用小木条镶边，使之整齐、美观。夹板门用料省，自重轻，便于工业化生产，应用很广、夹板门的构造如图8-74所示。

拼板门门扇由骨架和条板组成。有骨架的拼板门称为拼板门，无骨架的拼板门称为实拼门。拼板门的构造如图8-75所示。

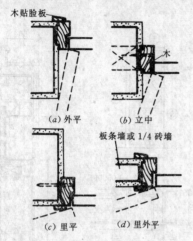

图8-72 门框安装位置

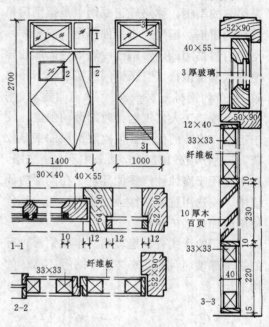

图8-74 夹板门的构造

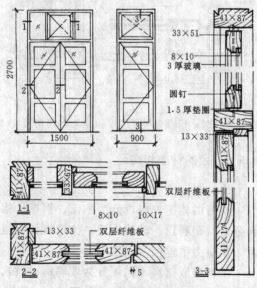

图8-73 镶板门的构造

夹板门门扇是由木骨架和面板组成。骨架是由厚32～35mm，宽34～60mm木方做成，内为格形肋条，肋宽同骨架料，厚度较小，肋间距200～400mm，装门锁处需另加附加木。面板一般为胶合板、纤维板、塑料板

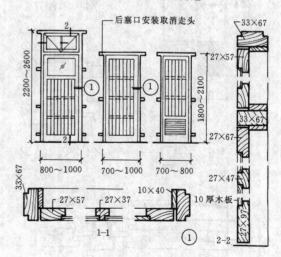

图8-75 拼板门的构造

(C) 五金零件：木门所用的五金零件有拉手、弹子锁、执手锁、门碰头等。

2) 钢门

用钢材加工制作而成的门与木门相比,具有坚固耐久、防火、透光系数大、符合建筑工业化的要求和美观大方的优点。在建筑中采用钢门可以节约木材,故在建筑中逐渐以钢代木,在工业与民用建筑中使用钢门比较广泛。

钢门用料有实腹和空腹两种。实腹门料是热轧的型钢,称热轧窗框钢(是指钢门窗所用的窗框、窗扇、拼接件等用料的统称)。空腹门料是用低碳带钢经冷轧焊接而成的异型管状薄壁型材。空腹钢门与实腹钢门相比较,可节约钢材15%～23%,具有自重轻、刚度大、减轻工人加工制作时的劳动强度,便于运输和安装的优点。但空腹钢料的壁厚较薄,不适于喷砂或酸洗,须采用不去锈底漆,且不宜用于腐蚀性严重的环境。在潮湿的环境中,应选用抗腐蚀性强的涂料涂装,日常使用应加强维护保养。

钢门的形式有半扇玻璃、半扇钢板;有的是全部玻璃,图8-76是连窗钢门(空腹)的构造。

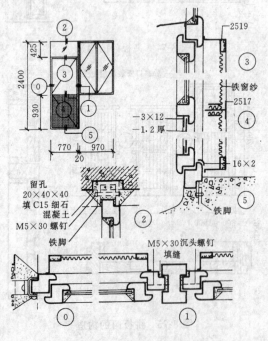

图8-76 连窗钢门(空腹)的构造

3) 铝合金门

铝合金门是用铝型材加工制作的,它与钢门相比,具有自重轻、强度高、外形美观、色彩多样、密封性能好、耐腐蚀、易保养等优点,但造价高,制作技术较复杂,质量要求也较高。适用于有密闭、保温、空调等使用要求的房间以及内外装修标准较高的建筑物。近年来家庭装饰也广泛使用铝合金门。

铝合金门一般为平开门、推拉门和弹簧门。图8-77是铝合金平开门(50系列)的构造。

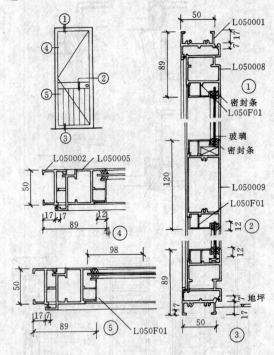

图8-77 铝合金平开门(50系列)的构造

8.5.2 窗的种类和构造

(1) 窗的种类

按窗的构造材料可分为木窗、钢窗、铝合金窗、塑料窗、玻璃钢窗、涂色镀锌钢板窗、预应力钢丝网水泥窗等;

按窗镶嵌材料不同可分为玻璃窗、纱窗、百叶窗等;

按窗的层数来分有单层窗、双层窗等;

按窗的开启方式分有平开窗、悬窗、推拉窗、转窗、固定窗、折叠窗等;

按窗的立面形式分有单扇窗、双扇窗、四扇窗等。

按窗的使用功能分类有隔音窗、密闭窗、防火窗、防盗窗、橱窗、防爆窗、售货窗等。窗的开启形式如图8-78所示。

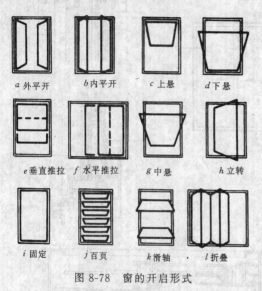

图8-78 窗的开启形式

(2) 窗的构造

1) 木窗（平开）

木窗一般由窗框、窗扇、五金零件等部分组成。根据不同要求还有贴脸板、窗台板、筒子板、窗帘盒等附件，如图8-79所示。

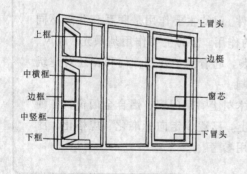

图8-79 木窗的组成

(A) 窗框：由两边的边框、上下框（冒头）组成矩形轮廓，如有亮子时，则加中横档（中冒头）。窗框的四周内侧设有裁口（铲口），使窗扇能很好地靠紧窗框。窗框的安装方法与门框相同。窗框与墙洞口的相对位置有外平齐、内平齐，也可居中设置。

(B) 窗扇：由上、下冒头、边梃、窗芯等组成窗扇的上冒头和边梃的断面尺寸一般在40mm×60mm左右，下冒头考虑窗扇的变形或加设披水条等原因，断面高度宜大一些，一般在40mm×80mm左右。窗芯在40mm×30mm左右。为安装玻璃，应在窗扇上铲出宽10mm，深12～15mm的铲口，安装玻璃的另一侧应做成各种线脚，以便更好的采光。玻璃应安装在窗的外侧，以利防雨。两扇窗的接缝处，应做高低缝盖口，以关闭严密。

(C) 窗用五金：平开木窗用五金零件有铰链、插销、风钩、拉手等，规格品种很多，应根据窗的大小、尺寸及装修标准选用。图8-80是外平开木窗的构造。

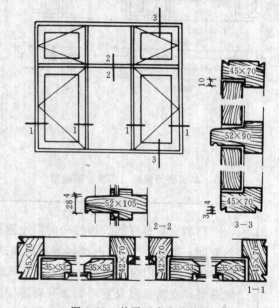

图8-80 外平开木窗的构造

2) 钢窗

钢窗和钢门一样，有实腹钢窗和空腹钢窗两种。钢窗的形式可分为平开窗、中悬窗、上悬窗及固定窗等类型。图8-81是单层密闭实腹钢窗的构造。

3) 铝合金窗

铝合金窗按其结构与开闭方式可分为推拉窗、平开窗、固定窗、悬挂窗、回转窗、百叶窗、纱窗等。铝合金窗框料的组装是利用转角件、插接件、紧固件组装成扇和框，扇与框是以其断面特殊造型嵌以密封条相搭接或对接。图8-82是70系列铝合金推拉窗的构造。

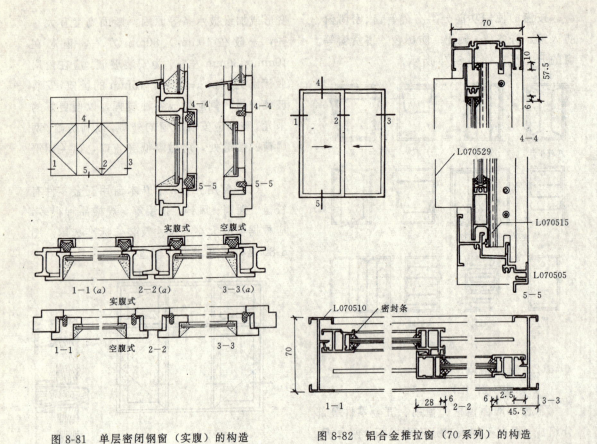

图 8-81　单层密闭钢窗（实腹）的构造　　　图 8-82　铝合金推拉窗（70 系列）的构造

门和窗是房屋围护构件中的两个重要构件。门的主要作用是联系和分隔不同的空间，交通出入，同时也起着通风和采光的作用；窗的主要作用是采光、通风、眺望等。同时门窗还能阻止风、雨、雪的侵袭，起着围护作用。门和窗还对建筑的造型、立面处理及室内装饰有着重要的影响。

门和窗的制作材料已经不局限在传统的木材上，钢门窗、铝合金门窗，各种塑料门窗现已广泛使用。门和窗的制作生产上，已逐步走向标准化、规格化、商品化的道路，各地都有门窗标准图集可供使用参考。

复习思考题

1. 门和窗的作用是什么？
2. 门是如何分类的？结合实际举例说明。
3. 木门由哪几部分组成？
4. 简述镶板门、夹板门和拼板门的构造。
5. 钢门窗有什么优缺点？
6. 平开木窗由哪几部分组成？简述窗扇的构造。

8.6 屋顶构造

8.6.1 屋顶的作用和类型

1) 屋顶的作用

屋顶是房屋最上面的构造部分，覆盖着整个房屋。屋顶起着防水、保温和隔热等作用，用以抵抗雨、雪、风、沙的侵袭和减少烈日寒风等室外气候对室内的影响。屋顶除了要承受本身的自重外，还要承受施工或检修时屋面上人活动的荷载和风、雪等的荷载，并把这些荷载传递给墙或柱。同时，整幢房屋由于屋顶的联结，增加了刚度和整体性。屋顶又是建筑形象的重要组成部分，对建筑物的美观有较大的影响。

2) 屋顶的类型

屋顶的类型很多，其造型主要是由屋顶的结构和布置形式、建筑的使用要求，屋面使用的材料等因素决定的，具体可分成如下几类：

A. 接屋顶的坡度和外形分，有平屋顶、坡屋顶、曲面形屋顶、多波折板屋顶等；

B. 按屋顶结构传力特点分，有有檩屋顶和无檩屋顶；

C. 按屋顶保温、隔热要求分，有保温屋顶，不保温屋顶，隔热屋顶等；

D. 按屋面材料与构造分，有卷材防水屋顶和非卷材防水屋顶。

随着科学技术的发展，出现了许多新型屋顶结构形式，如拱屋顶、薄壳结构屋顶，网架结构屋顶，悬索结构屋顶等。这类屋顶多数用于跨度较大的建筑。

屋顶的类型如图 8-83 所示。

8.6.2 坡屋顶的构造层次及构造要求

坡屋顶又称斜屋顶，是我国建筑的

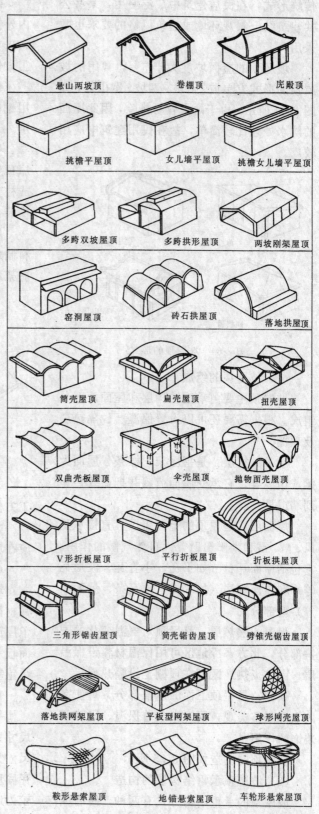

图 8-83 屋顶的类型

传统形式，在民居建筑中广泛使用，某些公共建筑结合景观环境或建筑风格的要求也常采用。

坡屋顶的屋面坡度大于5%，常用的坡屋顶的形式有单坡、双坡、四坡、歇山等，如图8-84所示。由于雨水容易排除，因此屋面的防水处理比较简单，故在民用建筑中应用较广。

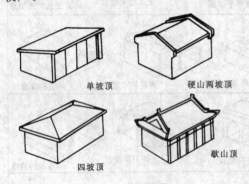

图8-84 坡屋顶的形式

（1）坡屋顶的组成

坡屋顶主要由承重结构层和屋面两部分组成。根据需要还可以设置保温层、隔热层及顶棚。

承重结构层：是指屋架、檩条、屋面大梁或山墙等。它承受屋面荷载并把荷载传递到墙或柱。

屋面层：是屋顶的上覆盖层，直接承受风、雨、雪和太阳辐射等大自然气候的作用。它包括屋面瓦材（如平瓦、小青瓦、波形瓦等）和屋面基层（如木椽、挂瓦条、屋面板等）两部分。

保温或隔热层：是屋顶对气温变化的围护部分，北方寒冷地区可用保温材料设保温层，南方炎热地区可在顶棚上设隔热层。

顶棚：是屋顶下面的遮盖部分，可使室内上部平整美观，同时又起着保温、隔热和装饰的作用。

坡屋顶的构造如图8-85所示。

（2）坡屋顶承重结构层的构造

坡屋顶的承重结构方式有两种，砖墙承重和屋架承重。

砖墙承重：又叫硬山搁檩。是将房屋的内外横墙砌成尖顶形状，在上面直接搁置檩条来支承屋面的荷载。这种做法构造简单、施工方便、造价低、适用于开间较小的房屋。

檩条一般可用圆木或方木制成，也可使用钢檩条和钢筋混凝土檩条。如图8-86所示。

屋架承重：屋架又称桁架，起支承整个屋顶荷载的承重作用。屋架搁置在纵向外墙或柱上。与砖墙承重相比，可以省去承重的横墙，使房屋内部空间增大。

屋架可用木材、钢材或钢筋混凝土等材料制成，形式有三角形，梯形等。以三角形屋架应用最为普遍。三角形屋架构造简单、施

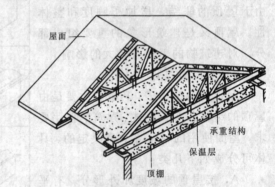

图8-85 坡屋顶的构造

工方便，结构性能好，又便于采用瓦做屋面。

为防止屋架倾斜和加强屋架的稳定性，应在屋架之间设置支撑，如图8-87所示。

（3）坡屋顶的屋面构造

坡屋顶的屋面包括屋面承重基层和屋面瓦材两个部分。屋面承重基层是指檩条上支承屋面瓦材的构造层，如椽条、挂瓦条、屋面板等，应根据屋面瓦材来选择相应的屋面承重基层。

1）平瓦屋面

平瓦有水泥瓦和粘土瓦两种，每片瓦的尺寸为400mm×230mm，互相搭接后的有效尺寸为330mm×200mm，瓦面上有排水槽，瓦底后部有挂瓦爪。在坡屋顶中，平瓦应用较为广泛，常用的平瓦屋面构造有以下三种：

（A）冷摊瓦屋面：在屋架上弦或椽条上

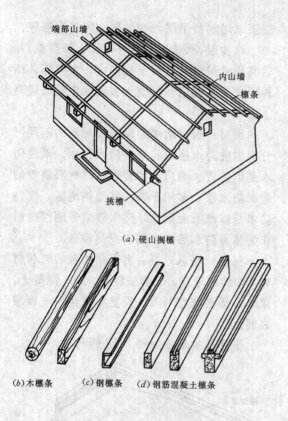

(a) 硬山搁檩

(b) 木檩条　(c) 钢檩条　(d) 钢筋混凝土檩条

图 8-86　砖墙承重结构

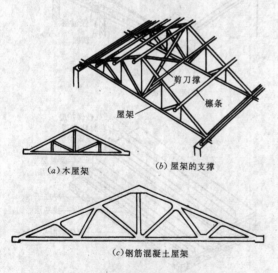

(a) 木屋架　(b) 屋架的支撑

(c) 钢筋混凝土屋架

图 8-87　屋架承重结构

钉挂瓦条，在挂瓦条上铺瓦。这种做法构件少，构造简单，造价低，但保温和防漏都很差，多用在简易房屋，如图 8-88 所示。

(B) 屋面板平瓦屋面：在檩条上钉15mm～25mm厚的屋面板（又称望板），板上沿屋脊方向铺油毡一层，沿排水方向钉顺水条，再在顺水条上钉挂瓦条以挂瓦，如图 8-89 所示。

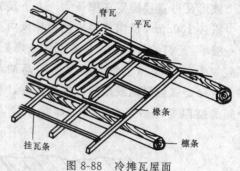

图 8-88　冷摊瓦屋面

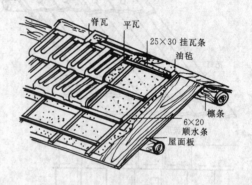

图 8-89　屋面板平瓦屋面

(C) 挂瓦板平瓦屋面：挂瓦板是预制的钢筋混凝土构件，它把檩条、屋面板、挂瓦条的功能结合在一起。挂瓦板直接搁置在屋架或横墙上挂瓦。挂瓦板的基本形式有单肋、双肋和异形三种。这种屋顶顶棚平整、构造简单，但易渗水，如图 8-90 所示。

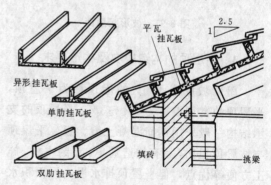

图 8-90　挂瓦板平瓦屋面

2) 波形瓦屋面

波形瓦按材料分有石棉水泥瓦、木质纤维瓦、钢丝水泥瓦、镀锌铁皮瓦、玻璃钢瓦、彩色钢板瓦等；按波垄形状分有大波、中波、小波、弧形波、梯形波、不等波等。其中，石棉水泥瓦重量轻、耐火性好，应用较为广泛。

波形瓦可直接固定在檩条上，上下接缝至少搭接100mm，横向搭接应按主导风向至少一波半。瓦钉的钉固孔位应在瓦的波峰处，并应加设铁垫圈和毡垫或灌厚质防潮油防水。屋脊要加盖脊瓦或用镀锌铁皮遮盖，屋脊间的空隙要用砂浆塞密实，如图8-91所示。

造要求增加找平层，找坡层、隔蒸汽层等。

结构层：承受屋顶的自重和上部荷载，并将其传给屋顶的支承结构如墙、大梁等。结构层常用预制钢筋混凝土板或现浇钢筋混凝土板。

面层：根据防水层做法及材料的不同可分为柔性防水屋面和刚性防水屋面。柔性防水是以沥青、油毡、油膏等柔性材料铺设的屋面防水层，多用于寒冷和湿热地区；刚性防水是以细石混凝土，防水砂浆等刚性材料作为屋面防水层，多用于炎热地区。

保温（隔热）层：多采用松散的粒状材料，如膨胀珍珠岩、膨胀蛭石、加气混凝土、聚苯乙烯泡沫塑料等，设置在结构层与面层之间。

平屋顶的组成如图8-92所示。

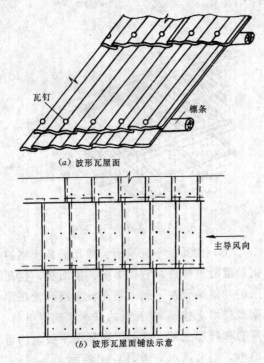

图 8-91 波形瓦屋面

8.6.3 平层顶的构造层次及构造要求

屋面坡度小于5%的屋顶称为平屋顶，平屋顶的常用坡度为2%～3%。平屋顶的支承结构一般采用钢筋混凝土梁、板。平屋顶与坡屋顶相比，具有构造简单，节约木材，施工方便等优点，但平屋顶排水慢，屋面积水机会多，易产生渗漏现象。采用平屋顶时，要解决好防水与排水问题。

（1）平屋顶的组成

平屋顶主要由结构层（承重层）、防水层（面层）、保温（隔热）层组成。有时由于构

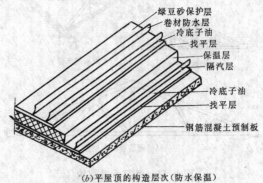

图 8-92 平屋顶的组成

（2）平屋顶的排水

1）屋面坡度的形成

平屋顶的屋面应有1%～5%的排水坡。排水坡可通过材料找坡和结构找坡两种方法

形成。

材料找坡：也称垫置坡度。它是在水平搁置的屋面板上用轻质材料（如水泥炉渣等）垫置成所需要的坡度，如图8-93（a）所示。

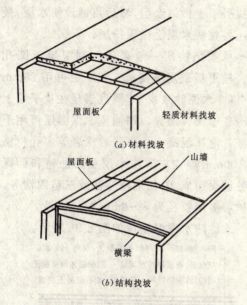

图 8-93 屋面坡度的形成

结构找坡：也称搁置坡度。它是将屋面板按所需的坡度倾斜搁置，如图8-93（b）所示。

2) 排水方式

屋顶排水方式分为无组织排水和有组织排水两大类。

无组织排水：是指屋面雨水直接从檐口滴落至地面的一种排水方式，这种排水方式因不用天沟、雨水管导流雨水，故又称自由落水。它要求屋檐挑出外墙面，以防雨水顺外墙面漫流而浇湿和污染墙体。无组织排水构造简单，造价低，不易漏雨和堵塞，适用于少雨地区和低层建筑，如图8-94所示。

有组织排水，是将屋面雨水通过排水系统，进行有组织地排除。所谓排水系统是把屋面划分成若干排水区，使雨水有组织地排到天沟中，通过雨水口排至雨水斗，再经雨水管排到室外。有组织排水构造复杂，造价高，但雨水不会冲刷墙面，因而广泛被应用于各类建筑中。

有组织排水又可分为内排水和外排水两种。内排水的雨水管设于室内，构造复杂，易造成渗漏，只用在多跨房屋的中间跨、临街建筑，高层建筑及寒冷地区。一般应尽量采用雨水管设置在外墙上的外排水，如图8-95所示。

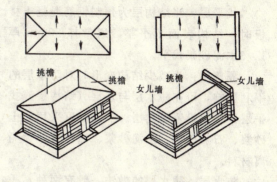

图 8-94 无组织排水

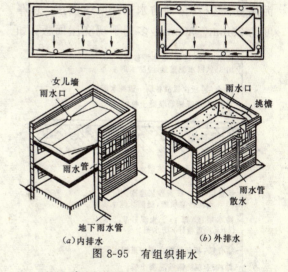

图 8-95 有组织排水

（3）常用平屋顶的构造

如前所述，平屋顶有刚性防水屋顶和柔性防水屋顶两大类。刚性防水屋顶是用刚性材料，如防水砂浆或细石混凝土作防水面层的屋顶；柔性防水屋顶又称卷材防水屋顶，是由沥青和油毡交替粘结而成，其主要构造层次是承重层、找平层、隔汽层、保温层、结合层、防水层和保护层等。

1) 刚性防水屋顶

刚性防水屋顶是用防水砂浆抹面或用细

石混凝土现浇而成的整体防水层，具有较好的抗渗能力，多用于南方地区无保温要求的建筑。

刚性防水屋顶的构造层次有结构层、找平层、隔离层和防水层。

结构层：即预制或现浇的钢筋混凝土楼板。

找平层：当结构层为预制钢筋混凝土楼板时，结构表面不平整，通常抹20mm厚1：3水泥砂浆找平。

隔离层：为减少结构变形时对防水层的不利影响，可在防水层与基层（结构层或找平层）之间设置隔离层。隔离层可采用粘土砂浆、石灰砂浆、水泥砂浆、油毡等作为隔离材料。

防水层：防水层的做法一般有两种。一种是采用1：2或1：3的水泥砂浆，掺入水泥用量3%～5%的防水剂抹两道而成，总厚度为25mm～30mm。多用于现浇屋面板，如

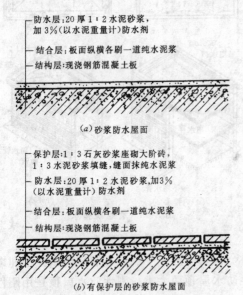

图 8-96 防水砂浆刚性防水屋面

图8-96所示。另一种是细石混凝土防水层，采用细石混凝土整体现浇，混凝土的强度等级不低于C20，厚度不小于40mm，内配φ4双向钢筋，间距为100～200mm，如图8-97所示。

2) 柔性防水保温屋顶

柔性防水保温屋顶的一般做法是在承重结构层上做找平层，为防止室内蒸汽渗入保温层而降低保温效果，找平层上先做隔气层，然后铺设保温层，保温层上再做一层找平层，在找平层上做结合层，然后再铺设防水层，最后还要在防水层上做保护层。

承重结构层一般采用预制混凝土圆孔板、槽形板或现浇楼板。找平层可用20mm厚1：3水泥砂浆找平。隔汽层是在找平层上刷冷底子油、沥青，铺油毡。保温层可用干炉渣、泡沫混凝土、膨胀珍珠岩等多孔材料铺100mm厚左右。防水层是由油毡和沥青交替铺设而成，常用两毡三油或三毡四油等。保护层多用粒径为3～6mm的绿豆沙。

柔性防水保温屋顶如图8-98所示。

(a) 细石混凝土防水屋面

(b) 细石混凝土防水保温屋面

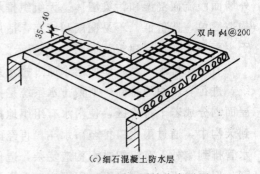

(c) 细石混凝土防水层

图 8-97 细石混凝土刚性防水屋面

图 8-98 柔性防水保温屋面

图 8-99 柔性防水非保温屋面

3) 柔性防水非保温屋顶

柔性防水非保温屋顶与柔性保温屋顶的不同之处是没有保温层和隔汽层，如图 8-99 所示。

4) 柔性防水隔热屋顶

在炎热的南方通常采用在屋面防水层上设空气隔热层，如采用混凝土架空板以构成通风的隔热层，如图 8-100 所示。

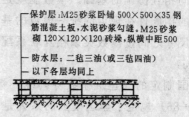

图 8-100 柔性防水隔热屋面

> 屋顶是房屋最上部的构造部分，它覆盖着整个房屋。屋顶起着阻挡风、雨、雪、太阳辐射，抵御酷热严寒的围护作用，又起着承受自重和作用在屋顶上的各种荷载，并把这些荷载传递给墙或柱的支撑作用。此外，屋顶又是整个建筑物的外形的重要组成部分对建筑物的美观也起着一定的作用。因此，屋顶必须满足坚固耐久、保温或隔热、抵抗侵蚀，特别是防水排水的要求，还应做到自重轻、构造简单、施工方便、造价经济。

复习思考题

1. 屋顶的作用是什么？
2. 屋顶是如何分类的？结合实际举例说明。
3. 坡屋顶由哪几部分组成？
4. 简述坡屋顶的屋面构造及几种常用的屋面的构造。
5. 平屋顶与坡屋顶是如何定义的？它们各有什么特点？
6. 平屋顶由哪几部分组成？
7. 平屋顶的排水方式有哪几种？观察你所见到的平屋顶的排水方式。
8. 简述几种常见的平屋顶的构造。

8.7 建筑设计过程简介

8.7.1 建筑模数与模数制

我们知道，建筑物的形态和大小是千姿百态、巨细不一的，构成建筑物的构配件、组合件的尺寸也各不相同。假若设计者随心所欲地确定构配件和组合件的尺寸，就可能不利于实现建筑工业化大规模生产，不利于构配件、组合件、建筑制品等的通用性、互换性和各组成部分之间的尺寸的统一协调。因此现代化建筑工业生产必然导致"模数"问题。所谓模数就是法定的"标准尺寸单位",建筑物中的所有尺寸,除特殊情况外,都跟这个"标准尺寸单位"有叠加、倍数或分数关系。这样,建筑物各尺寸纵有千变万化,但都万变不离"模数"。因此我国颁布了《建筑模数协调统一标准》(GBJ2—86)。

建筑模数是选定的标准尺度单位,作为建筑物、建筑构配件、建筑制品以及建筑设备尺寸间相互协调的基础。模数制就是建筑物和它的构配件在规定的统一模数的基础上使各种尺寸之间按模数关系相互联系配合的有关规定。

我国制定的《建筑模数协调统一标准》(GBJ2—86)规定了建筑模数的系列是以选定的模数基数为基础而展开的数值系统,这个数列包括基本模数和导出模数。基本模数是模数尺寸中最基本的数值,用 M 表示,1M=100mm。整个建筑物或其一部分以及建筑组合件的模数化尺寸,应是基本模数的倍数。在基本模数数列中,水平基本模数数列的幅度为 1M~20M,主要用于门窗洞和构配件截面,竖向基本模数数列的幅度为 1M 至 36M,主要用于建筑物的层高、门窗洞口和构配件截面。

导出模数分为扩大模数和分模数。水平扩大模数的基数为 3M、6M、12M、15M、30M、60M,主要用于建筑物的开间或柱距、进深或跨度、构配件尺寸和门窗洞口宽度等;竖向扩大模数的基数为 3M、6M,其中 3M 主要用于建筑物的高度、层高和门窗洞口高度等。

分模数的基数为 $\frac{1}{10}M$、$\frac{1}{5}M$、$\frac{1}{2}M$,主要用于缝隙、构造节点、构配件截面等。

建筑物中的所有尺寸,除特殊情况外,都必须按表 8-1 所示的模数数列采用。

8.7.2 标志尺寸、构造尺寸、实际尺寸

为了保证设计、生产、施工各阶段建筑制品、构配件等有关尺寸间的统一与协调,《建筑模数协调统一标准》规定了标志尺寸、构造尺寸、实际尺寸及其相互间的关系,如图 8-101 所示。

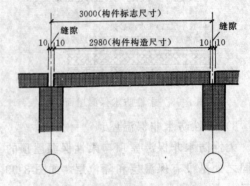

图 8-101 尺寸间的相互关系

标志尺寸:是用以标注建筑物定位轴线之间的距离(如跨度、柱距、进深、开间、层高等),以及建筑制品、构配件、有关设备界线之间的尺寸。如图 8-101 中的开间 3000。标志尺寸应符合模数数列的规定。

构造尺寸:是建筑制品、构配件等生产的设计尺寸。在一般情况下,构造尺寸加上缝隙尺寸应等于标志尺寸。如图 8-101 中的楼板的长度为 2980,缝隙的尺寸为 10×2=20,缝隙尺寸也应符合模数数列的规定。

实际尺寸:是建筑制品,构配件等生产实有尺寸。实际尺寸与构造尺寸之间的差数应由允许偏差值加以限制。如长度为 2980mm 的楼板,误差的允许值的范围为+10mm,—5mm。如图 8-102 所示。

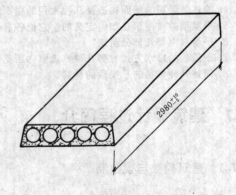

图 8-102 楼板的实际尺寸

常用模数数列（单位 mm）　　　　　　表 8-1

模数名称	基本模数	扩大模数					分模数		
模数基数	1M	3M	6M	12M	15M	30M	60M	1/10M	1/5M	1/2M
基数数值	100	300	600	1200	1500	3000	6000	10	20	50
模数数列	100	300						10		
	200	600	600					20	20	
	300	900						30		
	400	1200	1200	1200				40	40	
	500	1500			1500			50		50
	600	1800	1800					60	60	
	700	2100						70		
	800	2400	2400	2400				80	80	
	900	2700						90		
	1000	3000	3000		3000	3000		100	100	100
	1100	3300						110		
	1200	3600	3600	3600				120	120	
	1400	3900						130		
	1500	4200	4200					140	140	
	1600	4500			4500			150		150
	1800	4800	4800	4800				160	160	
	1900	5100						170		
	2000	5400	5400					180	180	
	2100	5700						190		
	2200	6000	6000	6000	6000	6000	6000	200	200	200
	2400	6300						220		
	2500	6600	6600					240		
	2600	6900								250
	2700	7200	7200	7200				260		
	2800	7500			7500			280		
	2900	7800								300
	3000		8400	8400				320		
	3100		9000		9000	9000		340		
	3200		9600	9600						350
	3300				10500			360		
	3400				10800			380		
	3500			12000	12000	12000	12000		400	400
	3600					1500				
应用范围	主要用于建筑物层高、门窗洞口和构配件截面	1. 主要用于建筑物的开间或柱距、进深或跨度、层高、构配件截面尺寸和门窗洞口等处。 2. 扩大模数 30M 数列按 3000mm 进级，其幅度可增至 360M；60M 数列按 6000mm 进级，其幅度可增至 360M。						1. 主要用于缝隙、构造节点和构配件截面等处。 2. 分模数 1/2M 数列按 50mm 进级，其幅度可增至 10M。		

8.7.3 建筑设计的依据

建筑设计的主要依据是人体尺度、家具设备、气象条件和地质条件四个因素。

(1) 人体尺度和人体活动所需的空间尺度

建筑是供人使用的，它的空间尺度必须满足人体活动的要求，既不能使人活动不方便，也不应过大造成不必要的浪费。建筑物中的家具、设备的尺寸，踏步、窗台、栏杆的高度，门洞、走廊、楼梯的宽度和高度，以至各类房间的高度和面积大小，都和人体尺度以及人体活动所需的空间尺度直接或间接有关。因此人体尺度和人体活动所需的空间尺度，是确定建筑空间的基本依据之一。我国成年男子和女子的平均高度分别为 1670mm 和 1560mm。

图 8-103 是人体尺度和人体活动所需的空间尺度的举例。

(2) 家具、设备的尺寸和使用它们的必要空间

进行建筑的平面和空间设计时，必须妥善地布置家具、设备，并留出使用它们的必要空间。因此，家具、设备的尺寸，以及人们在使用家具和设备时，在它们近旁必要的活动空间，是考虑房间内部使用面积的重要依据。

图 8-104 是人体使用家具、设备的空间尺度的举例。

(3) 气象条件

气象条件包括温度、湿度、

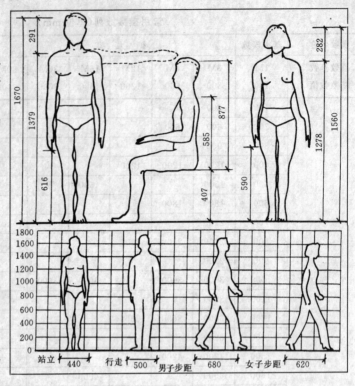

图 8-103 人体尺度和人体活动所需的空间尺度

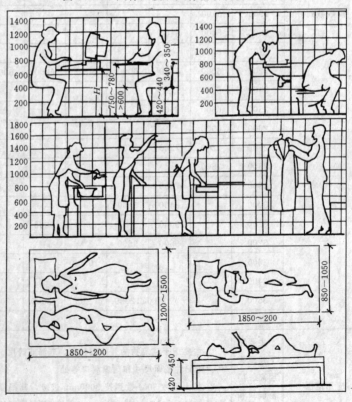

图 8-104 人体使用家具设备的空间尺度

日照、雨雪、风向、风速等。气象条件对建筑物的设计有较大的影响,如建筑物的保温、隔热、防水、排水、朝向、采光等都取于气象条件。建筑体形组合也受气象条件的影响。例如在湿热地区房屋设计要很好考虑隔热、通风和遮阳等问题,建筑体形要开敞,轻巧;干冷地区通常又希望把房屋的体形尽可能设计得紧凑一些,以减少外围护面的散热,有利于室内采暖、保温。

日照和主导风向,通常是确定房屋朝向和间距的主要因素;风速是高层建筑、电视塔等设计中考虑结构布置和建筑体形的重要因素;雨雪量的多少对屋顶形式和构造也有一定的影响。

在设计前,要注意收集当地的有关气象资料,作为设计的依据。图8-105是我国部分城市的全年和夏季的风向频率玫瑰图。表8-2是我国部分城市的最冷最热月平均气温和年降雨量资料。

我国部分城市的最冷最热月
平均气温和年降雨量　　表 8-2

城市名称	最冷月 (℃)	最热月 (℃)	年降雨量 (mm)
北　京	-4.6	25.8	627.6
天　津	-4.0	26.4	634.6
上　海	3.5	27.8	1132.3
重　庆	7.2	28.1	1082.9
沈　阳	-12.0	24.6	727.5
哈尔滨	-19.4	22.8	535.8
南　京	2.0	28.0	1034.1
广　州	13.3	28.4	1705.0
武　汉	3.0	28.8	1230.6
长　沙	4.7	29.3	1394.5
福　州	10.5	28.8	1339.7
成　都	5.5	25.6	938.9
贵　阳	4.9	24.0	1127.1
西　安	-1.0	26.6	591.1
乌鲁木齐	-15.4	23.5	275.6
昆　明	7.7	19.8	1003.8

(4) 地形和地质条件

基地地形的平缓和起伏,是影响建筑剖面及层数组合的重要因素。当地形平缓时,常将建筑首层设在同一标高上;当地形坡度较陡时,常将房屋结合地形错层建造。

基地的地质构造,土壤特性和地基承载力的大小,对房屋的平面组合、结构布置、结构选型和建筑体形将产生明显的影响。复杂的地质条件,要求房屋的构成和基础的设置采取相应的结构构造措施。

8.7.4　建筑设计阶段的划分

对于一般的民用建筑和简单的工业建筑,建筑设计分为初步设计和施工图设计两个阶段。对于大型的、比较复杂的工程,可以分成三个阶段,即在两个设计阶段之间,还有一个技术设计阶段,用来深入解决各专业之间协调等技术问题。

(1) 初步设计阶段

初步设计是建筑设计的第一阶段,它的任务是提出设计方案。

初步设计的内容包括确定建筑物的组合

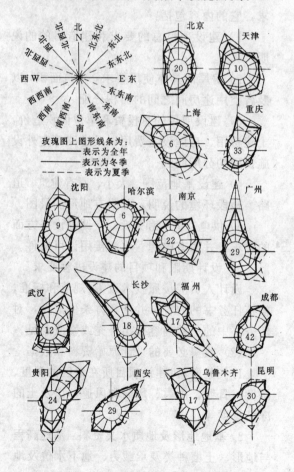

图 8-105　我国部分城市的风玫瑰图

方式，选定所用建筑材料和结构方案，确定建筑物在基地上的位置，说明设计意图，分析论证设计方案在技术上，经济上的合理性和可行性，并提出概算书。

初步设计的图纸和说明书包括：

建筑总平面图：绘出建筑物在基地上的位置、标高、道路、其他设施的布置以及绿化和说明。比例尺为1∶500～1∶2000。

各层平面图及主要剖面、立面图：应标注房屋的主要尺寸、房间的面积、高度以及门窗的位置,部分室内家具和设备的布置。比例尺为1∶50～1∶200。

说明书：说明设计方案的主要意图、主要结构方案及构造特点，以及主要技术经济指标。

工程概算书：按国家有关规定，概略计算工程费用和主要建筑材料需要量。

根据设计任务的需要，绘制建筑透视图或制作建筑模型。

建筑初步设计有时可有几个方案进行比较，经对比研究后由有关部门批准其中的一个方案。批准的这个方案，便是下一阶段设计的依据。同时也是施工准备、材料设备订货、基建拨款的依据。

（2）技术设计阶段

技术设计阶段的主要任务是在批准的初步设计的基础上，进一步确定各专业工种之间的技术问题。

技术设计的内容为在各专业工种之间提供资料，提出要求的前提下，共同研究和协调编制拟建工程各工种的图纸和说明书，为各工种编制施工图打下基础。经送审并批准的技术设计是编制施工图的依据。

技术设计的图纸和设计文件中，要求建筑图标注有关的详细尺寸，并编制建筑部分的技术说明书。要求结构图绘出房屋的结构布置方案，并附初步计算说明。其他专业也要提供相应的设备图纸及说明书。

（3）施工图设计阶段

施工图设计是建筑设计的最后阶段，它的任务是编制满足施工要求的全套图纸。

施工图设计的内容包括：确定全部工程尺寸和用料，绘制建筑、结构、设备等全部施工图纸，编制工程说明书、结构计算书和工程预算书。

施工图设计的图纸及设计文件有：

建筑总平面图、建筑平面图、立面图、剖面图，建筑详图（墙身、楼梯、门窗等）；结构施工图中的基础平面图，基础详图，楼层平面图及详图，结构构造节点详图等；给排水施工图，电气施工图、采暖、通风施工图；建筑、结构及设备等的说明书；结构及设备的计算书；工程预算书等。

8.7.5 建筑设计准备工作

（1）熟悉设计任务书

设计任务书是建设单位提出的设计要求，它的内容包括：

1）建设项目总的要求和建造目的的说明。

2）房屋的具体使用要求，建筑面积，以及各类用途房间之间的面积分配。

3）建设项目的总投资和单位面积造价，土建费用、房屋设备费用以及道路等室外设施费用的分配明细。

4）建设基地范围、大小、原有建筑、道路、地段环境的说明，并附有地形测量图。

5）供电、供水和采暖、空调等设备方面的要求，并附有电源、水源接用许可文件。

6）设计期限和项目的建设进程要求。

设计人员应按照技术政策、规范和标准，校核任务书的内容。并从具体条件出发，对任务书中的一些内容提出补充或修改意见。

（2）收集必要的设计原始资料和数据

1）气象资料：建设项目所在地区的温度、湿度、日照、雨雪、风向和风速，以及土的冻结深度等。

2）基地地形及地质水文资料：基地高程与地形、土壤种类及承载力、地下水位及地震烈度等。

3）水电等设备管线资料：基地的给水、排水、电缆等管线布置，以及架空供电线路等资料。

4）设计项目的有关定额指标：国家或项目所在地区有关设计项目的定额指标，如住宅每户平均建设面积标准、学校教室、实验室的面积标准等。

（3）设计前的调查研究

1）建筑物的使用要求：深入访问使用单位中有实践经验的人员，调查同类已建房屋的使用情况，进行分析和总结，对所设计房屋的使用要求做到心中有数。

2）建筑材料、制品、构配件的供应情况和施工技术条件：了解项目所在地区建筑材料的品种、规格、价格等供应情况，构配件的种类和规格，新型建设材料的性能，价格以及采用的可能性。结合当地施工技术和起重、运输等设备条件，了解并分析不同结构方案实现的可能性。

3）基地踏勘：亲自到项目所在建设基地进行现场踏勘，了解基地和周围环境的现状及历史沿革，核对已有资料与基地现状是否符合。

4）传统建筑经验和生活习惯：传统建筑中有许多结合当地地理、气候条件的有益经验，可以根据具体情况运用到所设计的工程中去。同时在设计中还要考虑当地的生活习惯和人们喜闻乐见的建筑形象。

从事建筑施工的人了解一点建筑设计过程不无好处，这对增强按图施工的自觉意识，领悟设计的依据和各种想法，使其在施工过程中充分表现出来，从而做到精确施工，有一定的意义。在施工中，往往还需要搭建一些临时性的简易建筑物，对于它的设计和建造，我们就有了一定的概念。此外，了解一点建筑设计过程，对于其它专业课的学习和今后的继续深造是很有益处的。

复习思考题

1. 什么是模数制？其基本内容是什么？
2. 什么是标志尺寸、构造尺寸、实际尺寸？它们之间有什么关系？
3. 建筑设计的依据是什么？
4. 简述建筑设计的三个阶段。
5. 建筑设计的准备工作有哪些？

附图 某街道办公楼施工图

图纸目录		××街道办公楼		编号	××××	
××设计研究院					共1页	第1页
序号	图号	名称		张数	幅面	备注
1	××××-J1	建筑设计施工说明、门窗表		1	A2	
2	××××-J2	总平面图		1	A2	
3	××××-J3	一层平面图		1	A2	
4	××××-J4	二三层平面图		1	A2	
5	××××-J5	四层平面图		1	A2	
6	××××-J6	①—⑦立面图		1	A2	
7	××××-J7	⑦—①立面图		1	A2	
8	××××-J8	侧立面图 剖面图		1	A2	
9	××××-J9	屋面平面图 厕所详图		1	A2	
10	××××-J10	2-2剖面图		1	A2	
11	××××-J11	楼梯平面图		1	A2	
12	××××-J12	楼梯剖面图		1	A2	
13	××××-J13	楼梯栏杆详图		1	A2	
14	××××-G1	基础平面图,详图		1	A2	
15	××××-G2	二~顶层平面结构布置图		1	A2	
16	××××-G3	梁L-1~2配筋图		1	A2	
17	××××-G4	圈过梁平面布置图		1	A2	
18	××××-G5	楼梯结构图(一)		1	A2	
19	××××-G6	楼梯结构图(二)		1	A2	
		套用标准图目录				
1	J330	一般楼地面建筑构造		1	本	国标(自购)
2	J238	卷材屋面建筑构造		1	本	国标(自购)
3	浙J7-91	铝合金门窗		1	本	浙标(自购)
4	浙J50L2	木门标准图集		1	本	浙标(自购)
5	浙85J702	浴室厕所		1	本	浙标(自购)
6	浙85J703	水池水盆		1	本	浙标(自购)
7	浙G1-93	预应力混凝土圆孔板		1	本	(浙标自购)
审核		校对	编制		编制日期	年 月 日

附1

建筑设计施工说明

1. 本建筑物在小区内位置按设计总表所示坐标位置施工。
2. 本建筑物室内地坪标高±0.000，相当于绝对标高6.900m。
3. 本建筑物建筑面积725m²，建筑总高18m²。
4. 本图除注明外，尺寸以毫米为单位，标高以米为单位。
5. 砖墙部分：
   1) 防潮层以下墙采用MU10机制砖，M5水泥砂浆砌筑，其它均采用MU7.5 机制砖，M5混合砂浆砌筑。
   2) 半砖墙每600mm配置2φ6钢筋，并与相邻砖墙拉结，每边伸入墙内长度应不小于600mm；
   3) 防潮层：-0.050m处做20mm厚1:2水泥砂浆防潮层（内加3%～5%的防水剂）
6. 所有内外砖墙立框位置，除注明外，一般采用门框与开启方向齐平，门内为浅栗色。所有窗居墙中。
7. 金属制品除注明外，均用防锈漆一底二度面漆，铝合金窗均为银白色，铝合金部分不露出混凝土构件均涂反转沥青，凡本材与砌体接触部分必须满涂沥青。
8. 口口磨边及零件除五金外，均应按建筑制图设置，隐蔽部位及凡木材与砖墙、门窗顶接触处用皮条配用，厚度不少于3mm。
9. 门窗玻璃，厕所用3mm厚磨砂玻璃。
10. 所有建筑结构预留孔洞及预埋铁件等，施工时应与有关工种的图纸密切配合施工。
11. 本工程施工及验收均按国家现行的《建筑安装工程施工及验收规范》执行。
12. 凡图纸说明与本施工说明不符者，一律以图中说明为准。
13. 装修说明：

外墙面装饰（贴面砖墙面）：
12mm厚1:3水泥砂浆打底；
7mm厚1:1水泥砂浆（掺4%107胶）贴面砖。

顶棚（预制混凝土板底）粉刷（涂料顶棚）：
刮素水泥浆一道；
17mm厚1:1:6水泥石灰砂浆粉面；
3mm厚细纸筋灰粉末粉刷二度（乳白色）。

内墙面装饰（涂料墙面）：
17mm厚1:1:6水泥石灰砂浆打底；
3mm厚细纸筋灰粉末粉刷二度（乳白色）；
丙丙烯酸内墙涂料做二度。

墙裙、踢脚板做法（瓷砖墙裙、踢脚板）：
12mm厚1:3水泥砂浆打底；
8mm厚1:1水泥砂浆粘白色瓷砖；
高1800mm处理缝；
瓷砖规格152mm×152mm×5mm。

楼地面做法：
办公室会议室详见J10。
卫生间：参J330 (120/32) (205/29)，面层改为防滑地砖。

门 窗 表

名称	设计编号	标准图编号	洞口尺寸(mm) 宽度	高度	数量	备注
门	M-1	参浙J501.2, M81	900	2400	17	木门，尺寸按本表
门	M-2	参浙J501.2, M150	900	2400	4	木门，尺寸按本表
门	M-3	参浙J501.2, M84	1500	2400	2	木门，尺寸按本表
窗	C-1	见详图（略）	1800	9900	1	铝合金窗
窗	C-2	浙J7-91，TLC-1818-1	1800	1800	21	铝合金窗
窗	C-3	浙J7-91，TLC-1518-1	1500	1800	13	铝合金窗
窗	C-4	浙J7-91，TLC-1212-1	1200	1800	4	铝合金窗

××设计研究院	××街道办公楼	工程设计证书编号	
审核	建筑设计施工说明、门窗表	图别	
校对		图号	J1
设计		日期	

附2

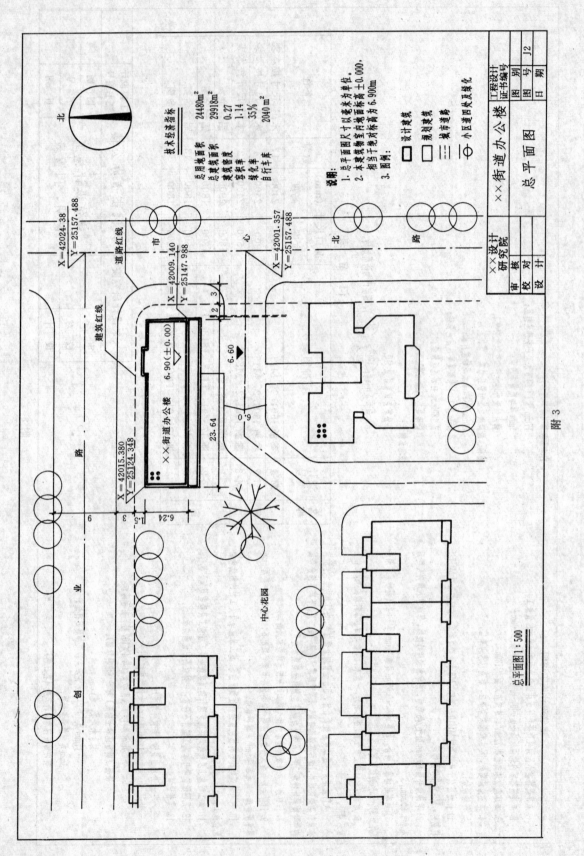
附3

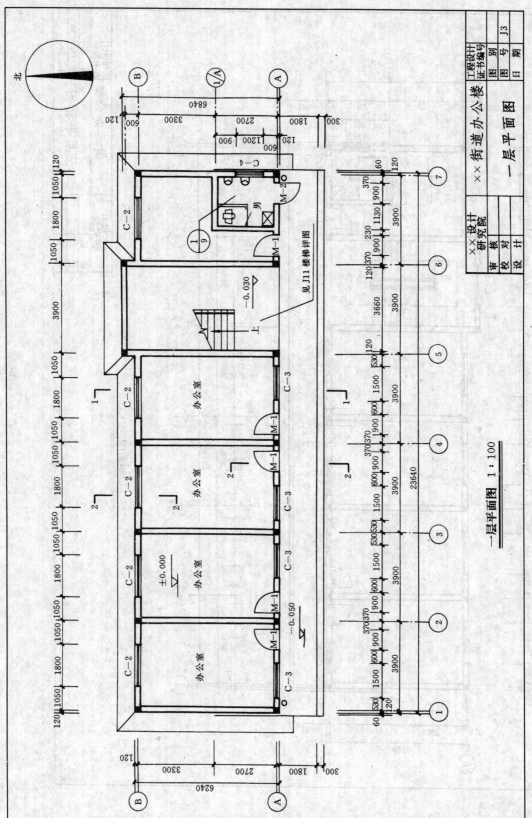

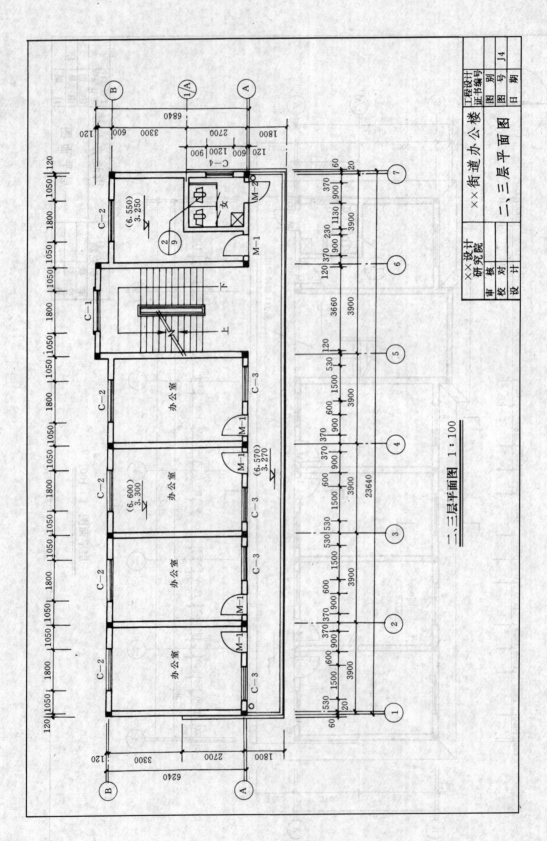

附5

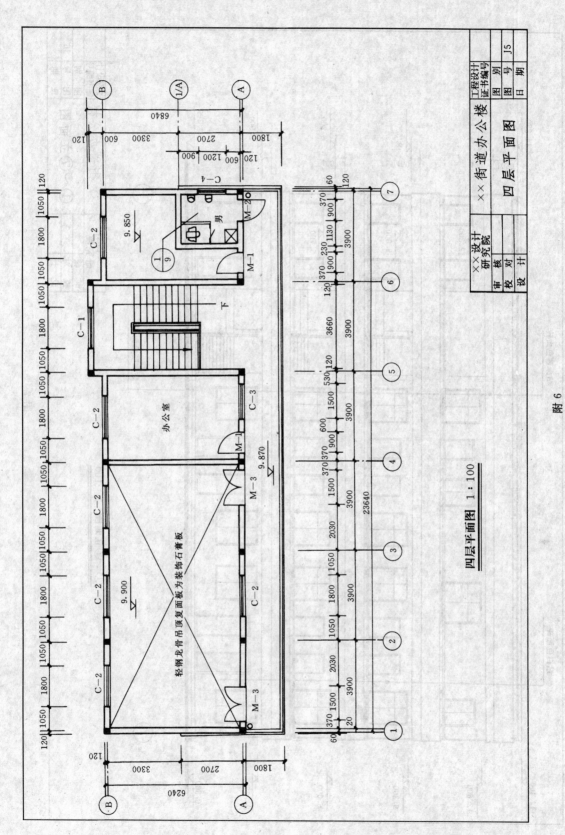

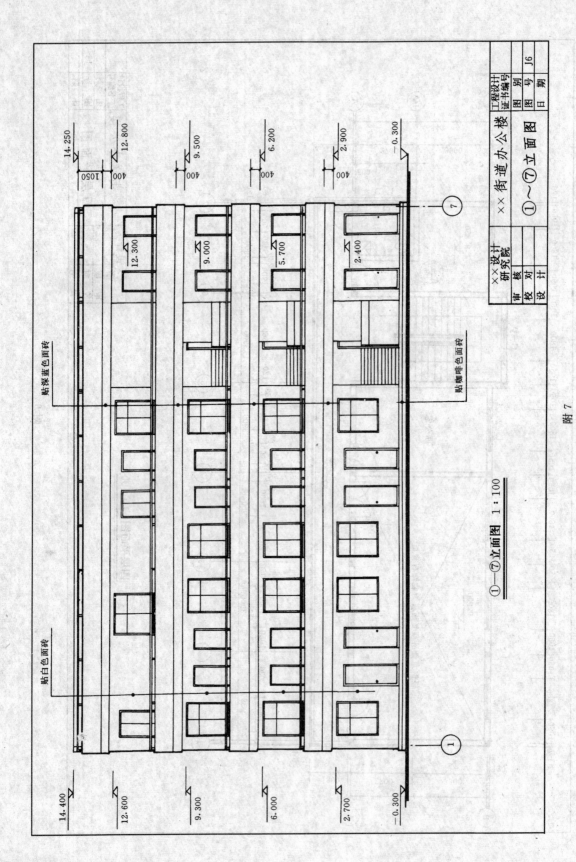

①—⑦立面图 1:100

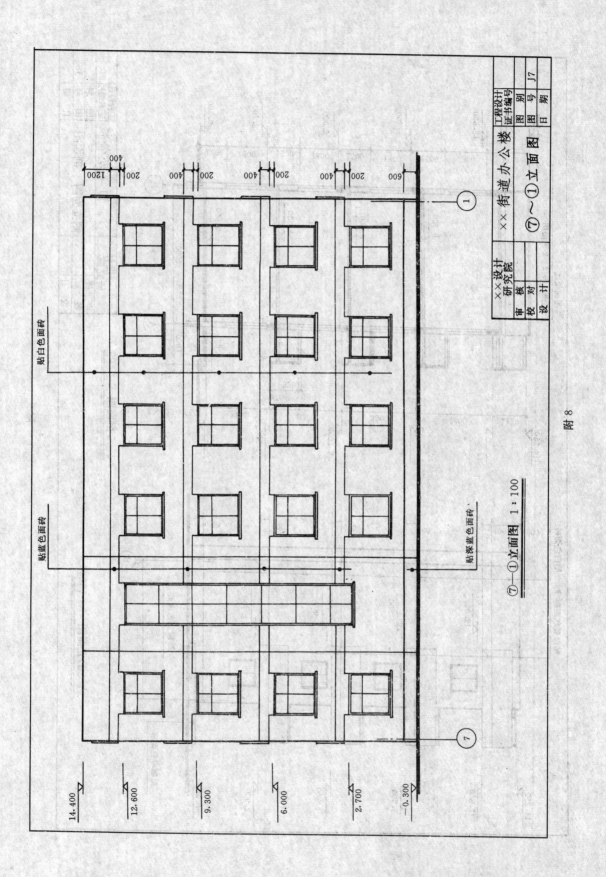

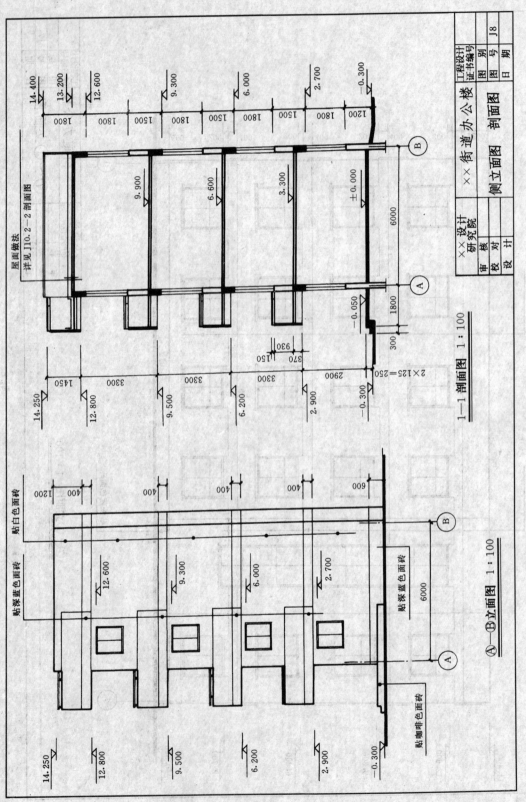

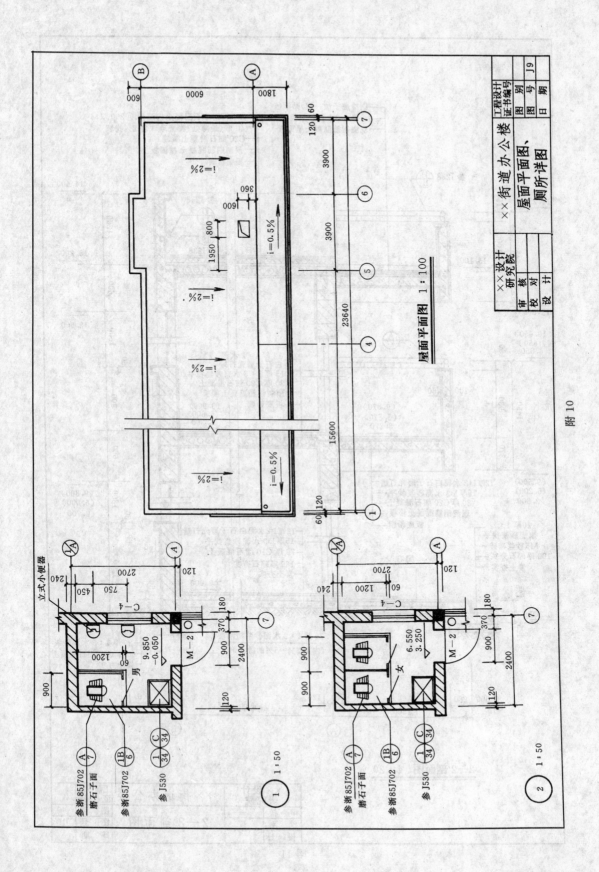

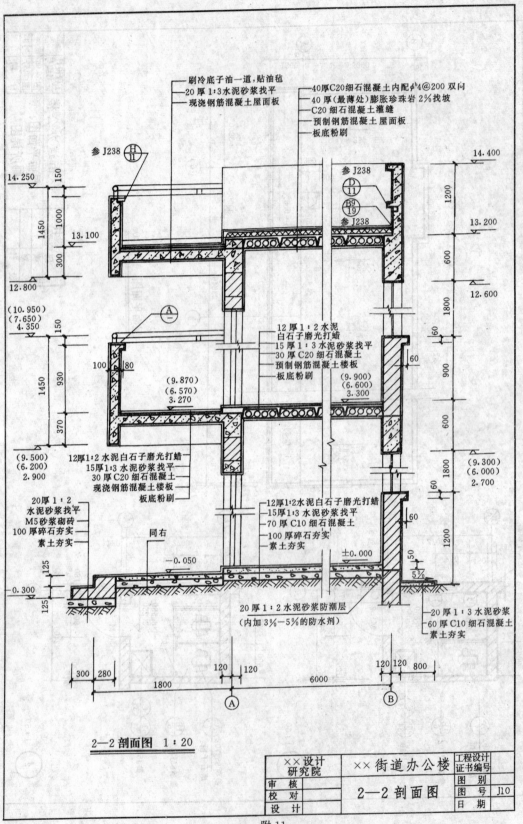

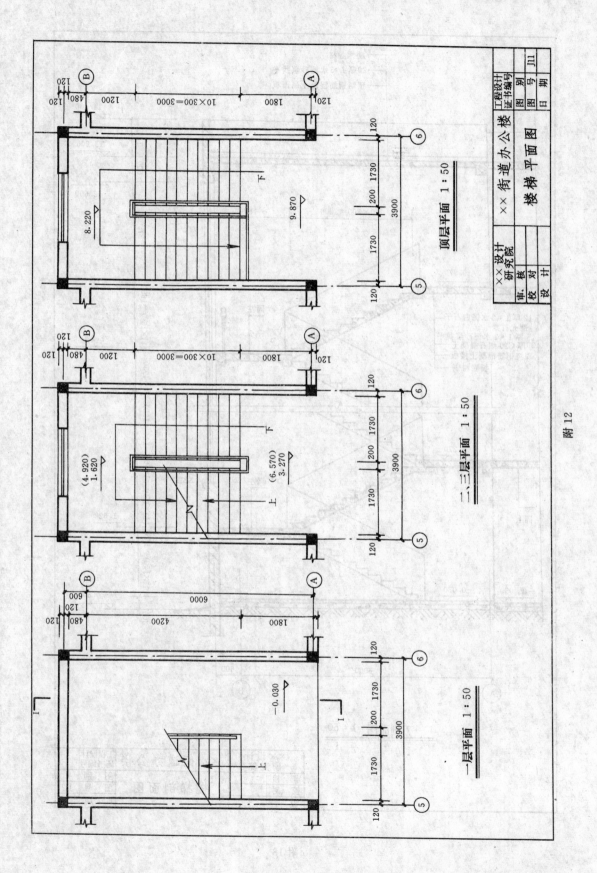

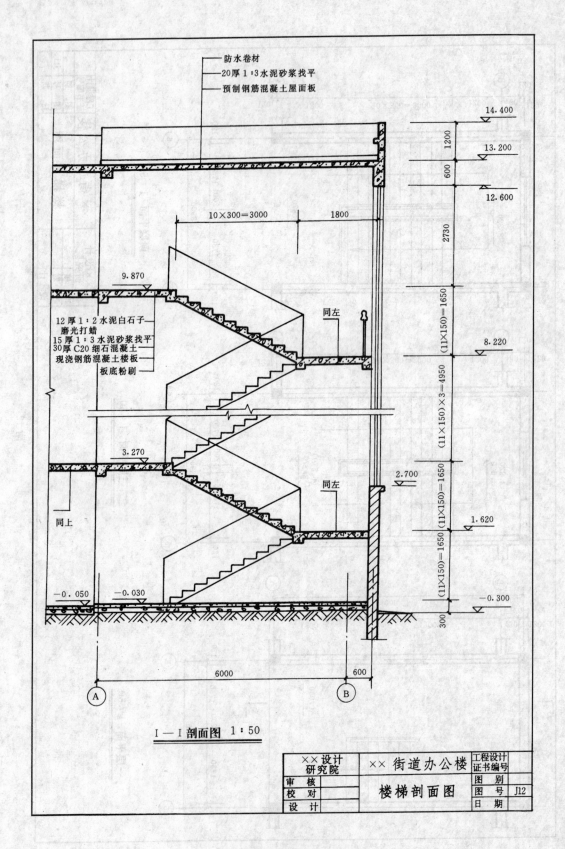

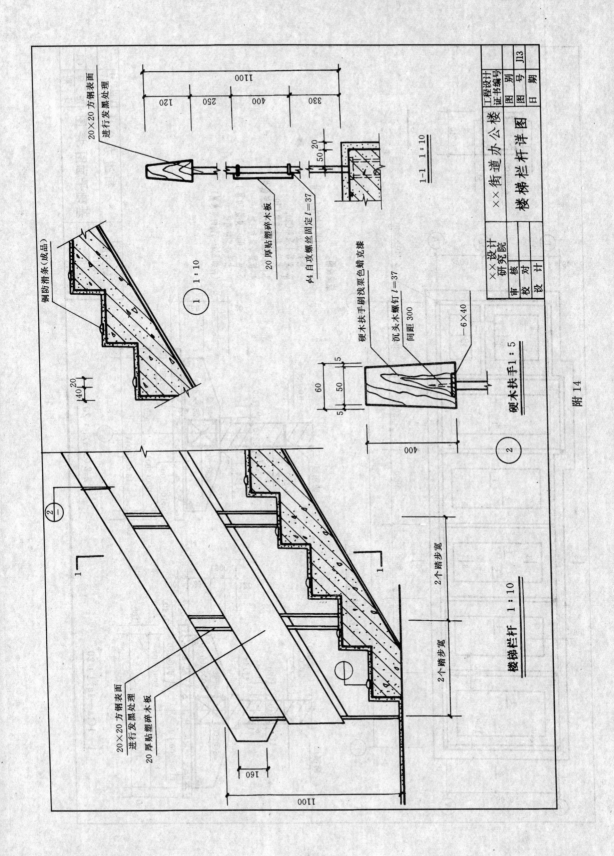

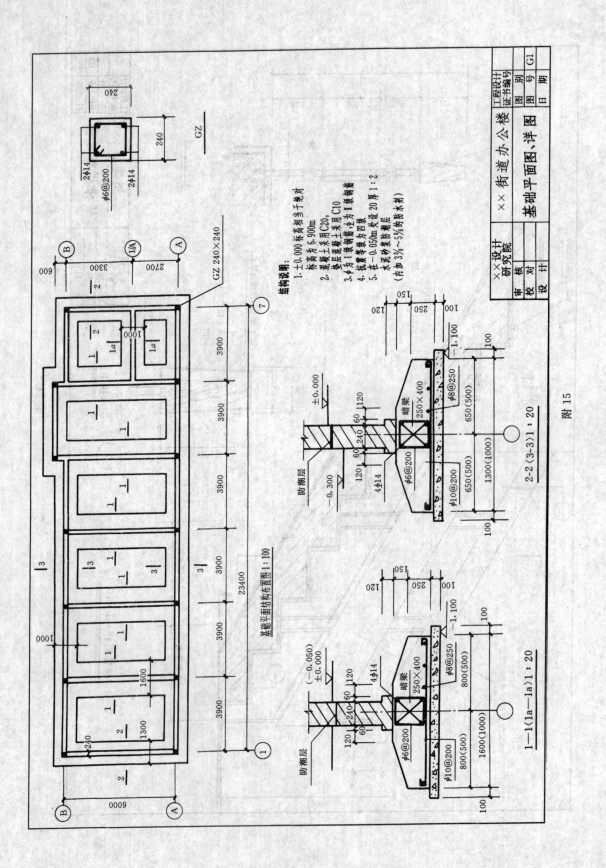

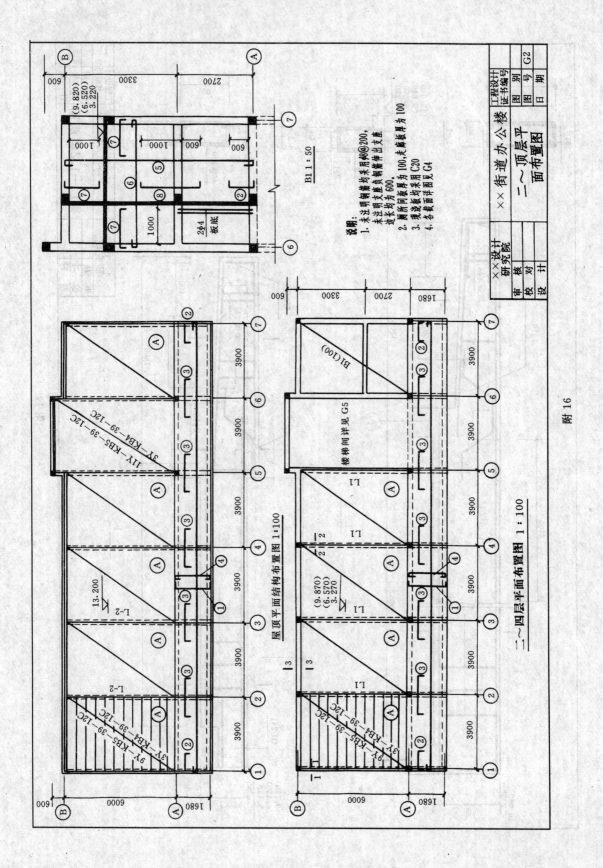

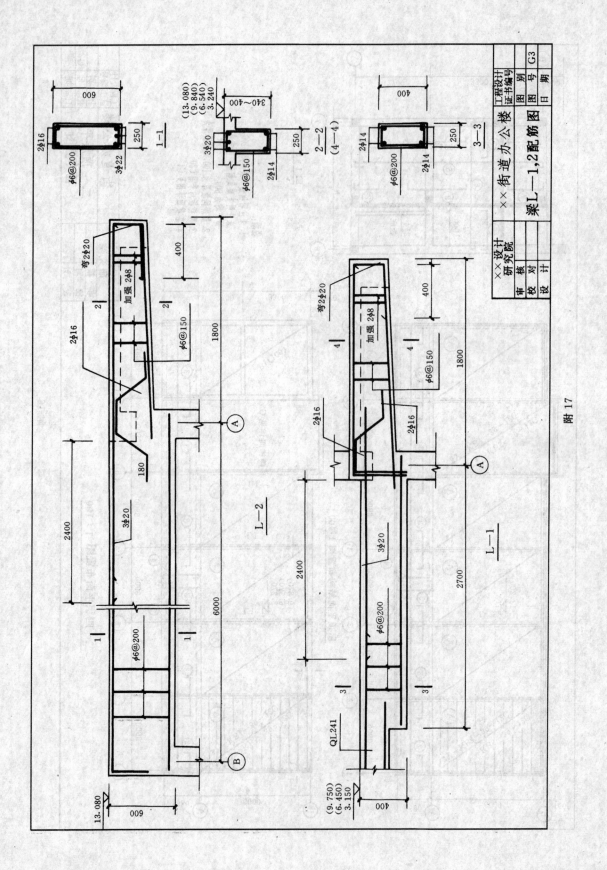

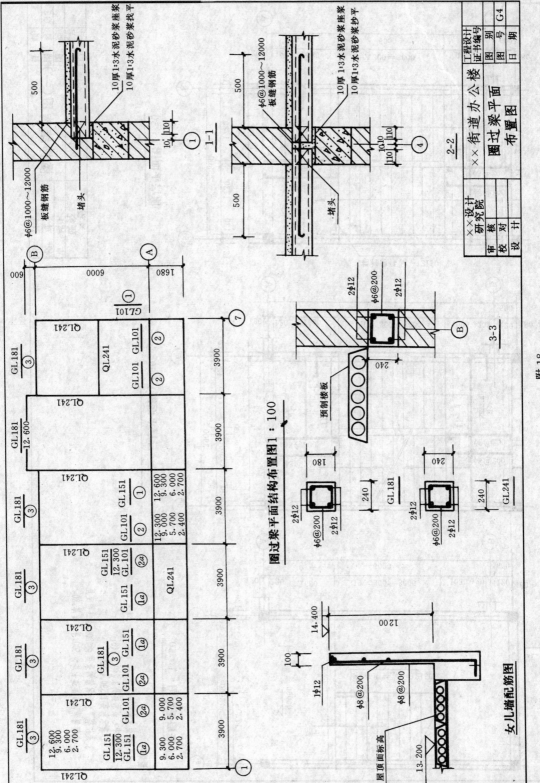

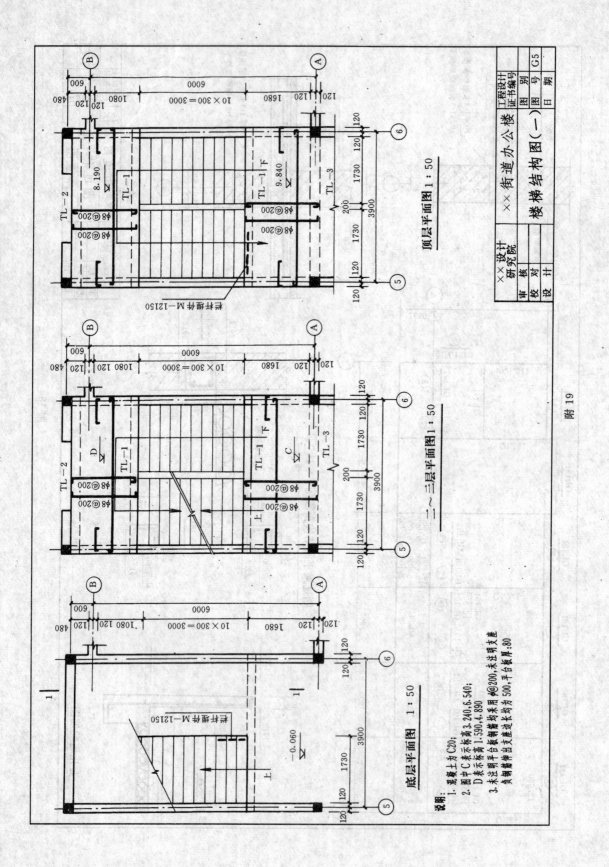

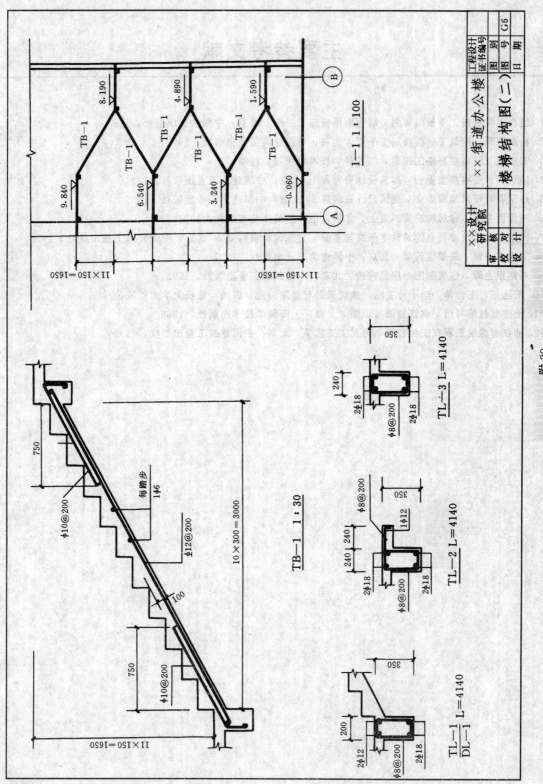

主要参考文献

1. 组合钢模板施工手册编写组．组合钢模板施工手册．北京：中国铁道出版社，1984
2. 杨嗣信等．建筑工程模板施工手册．北京：中国建筑工业出版社，1997
3. 宋静媛．围墙栏杆施工图集．江苏科学技术出版社，1987
4. 建筑设计资料集编委会．建筑设计资料集1．北京：中国建筑工业出版社，1994
5. 建筑设计资料集编委会．建筑设计资料集9．北京：中国建筑工业出版社，1997
6. 陈保胜主编．建筑构造资料集上．北京：中国建筑工业出版社，1994
7. 国家基本建设委员会建筑科学研究院主编．建筑设计资料集3．北京：中国建筑工业出版社，1978
8. 王崇杰主编．房屋建筑学．北京：中国建筑工业出版社，1997
9. 刘铭甲主编．建筑制图与房屋构造．北京：中国建筑工业出版社，1992
10. 王远正，王建华，李平诗主编，建筑识图与房屋构造，四川：重庆大学出版社，1996
11. 土建教材编写组．建筑制图与识图．上海：上海科学技术出版社，1986
12. 浙江省建筑工程技工学校等．砖瓦工工艺学．北京：中国建筑工业出版社，1993